Abbas Babaafjaei
Seyyed Reza Hosseini

Estudos em estruturas de aço leves (LSF)

Abbas Babaafjaei
Seyyed Reza Hosseini

Estudos em estruturas de aço leves (LSF)

Uma revisão exaustiva dos estudos laboratoriais e numéricos efectuados no domínio das estruturas de aço leves

ScienciaScripts

Imprint

Any brand names and product names mentioned in this book are subject to trademark, brand or patent protection and are trademarks or registered trademarks of their respective holders. The use of brand names, product names, common names, trade names, product descriptions etc. even without a particular marking in this work is in no way to be construed to mean that such names may be regarded as unrestricted in respect of trademark and brand protection legislation and could thus be used by anyone.

Cover image: www.ingimage.com

This book is a translation from the original published under ISBN 978-620-6-78143-1.

Publisher:
Sciencia Scripts
is a trademark of
Dodo Books Indian Ocean Ltd. and OmniScriptum S.R.L publishing group

120 High Road, East Finchley, London, N2 9ED, United Kingdom
Str. Armeneasca 28/1, office 1, Chisinau MD-2012, Republic of Moldova, Europe
Printed at: see last page
ISBN: 978-620-8-08308-3

Conteúdo

Prefácio

A estrutura de aço leve (LSF) é um dos sistemas de construção modernos utilizados para implementar edifícios com um número limitado de pisos, normalmente até 5 pisos, que foi inventado pela primeira vez em 1950 no Canadá e amplamente utilizado desde 1990 nos países industrializados do mundo, incluindo é utilizado em Inglaterra, Canadá, Japão e Alemanha. O elemento principal das estruturas de aço ligeiro são as secções de aço de parede fina (LGS), que são formadas utilizando chapas de aço finas e o método de perfilagem. Os três principais componentes desta estrutura de aço ligeiro incluem (1) Secções constituídas por chapas de aço laminadas a frio como estrutura principal, (2) Painéis de gesso cartonado como cobertura no interior do edifício e (3) Placas de cimento para o exterior do edifício e, dependendo do tipo de projeto, são formadas camadas de isolamento acústico e térmico. Os elementos estruturais podem ser ligados à fundação diretamente ou com uma bobina horizontal. Nesta estrutura, o elemento vertical é responsável por suportar as cargas verticais e laterais, e os elementos horizontais nesta estrutura são chamados de corredores. O telhado neste sistema é maioritariamente um telhado leve e é implementado com outros tipos caso a caso. Neste sistema estrutural, são normalmente utilizadas vigas metálicas com perfis em Z ou C na execução da cobertura, que pode ser revestida com placas de madeira ou cimento ou lajes de betão armado, de acordo com os intervalos das vigas. Muitos softwares e estudos laboratoriais estão sendo realizados no mundo sobre a questão da estrutura de aço leve, que é possível melhorar o desempenho da estrutura durante várias cargas (gravidade, lateral, fogo e outros casos), a possibilidade de aumentar a altura da estrutura para mais de 5 andares, a possibilidade de reduzir o peso da estrutura através da substituição de outros materiais que não o aço e alguns outros objectivos de pesquisa. Por conseguinte, tendo em conta a importância da estrutura de aço leve no mundo atual, no presente estudo, tentou-se comparar os estudos e investigações laboratoriais e de software efectuados no domínio da estrutura de aço leve sob vários aspectos, incluindo a avaliação do desempenho não sísmico, a estrutura de aço leve sem parede de corte independente, parede de corte CFS, parede de corte com diafragma não metálico em estrutura de aço leve, parede de corte em estrutura de aço leve, estrutura de contraventamento em aço leve, amortecedores utilizados em estrutura de aço leve e alguns outros casos, que devem ser estudados e investigados. Os resultados mostraram que a utilização de sistemas de amortecimento modernos, como o sistema de parede de cisalhamento de madeira e o amortecedor, em vez dos actuais sistemas existentes, como as cintas diagonais de aço ou as cintas diagonais de cabo de tração, permite aumentar o número de pisos da estrutura de aço leve para mais de 5 pisos, melhorando o desempenho sísmico e não sísmico. Incluirá a redução do peso da estrutura, o aumento da eficiência económica do projeto de construção e alguns outros benefícios, que exigirão investigação futura para determinar os valores exactos de cada índice de desempenho.

CAPÍTULO 1

Estruturas LSF sob cargas não sísmicas

Ensaio de paredes estruturais de LSF sob carga de incêndio-Tong Wai et al. (2023)

Neste estudo, o comportamento de paredes estruturais de LSF feitas de vigas BC e NC em condições de incêndio foi investigado utilizando quatro ensaios de incêndio à escala real. Os resultados obtidos nos ensaios ao fogo foram avaliados em termos de comportamento térmico, caraterísticas estruturais e nível de resistência ao fogo (FRL) e foram comparados com paredes LSF convencionais feitas de vigas de calha simples. Os resultados dos ensaios mostraram que, sem isolamento térmico, o desempenho térmico e as caraterísticas estruturais das paredes de LSF feitas de vigas BC e NC são muito semelhantes às paredes de LSF feitas de vigas simples, e os seus FRLs podem ser considerados o mesmo valor. Para o mesmo rácio de carga, as paredes LSF feitas de vigas BC e NC com duas camadas de gesso cartonado de 16 mm de espessura em cada lado e sem isolamento da cavidade têm 120 minutos de capacidade de suporte para um rácio de carga de incêndio de 0,4 e a utilização de isolamento da cavidade reduz o FRL das paredes LSF feitas de vigas NC. Em seguida, serão apresentados os pormenores desta investigação e os seus resultados.

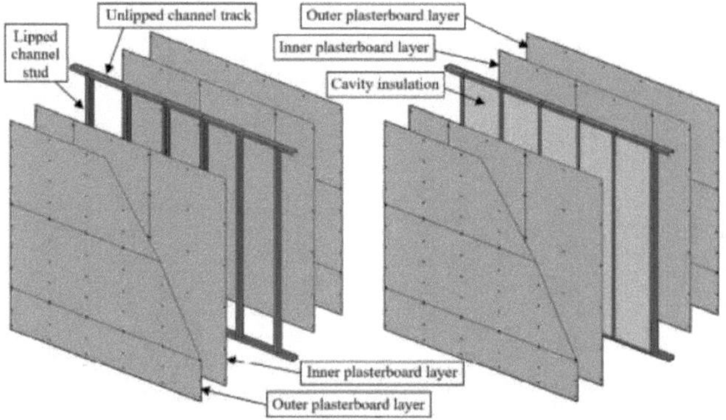

Pormenores das paredes de aço leve utilizadas na Austrália, avaliadas na investigação de Tong Wai et al.

Nesta investigação, foi introduzido um método para reforçar a parede de cisalhamento de aço leve, o plano dos dois estados no estudo e a direção da carga de incêndio na parede de aço leve e nas amostras de laboratório serão apresentados nas figuras.

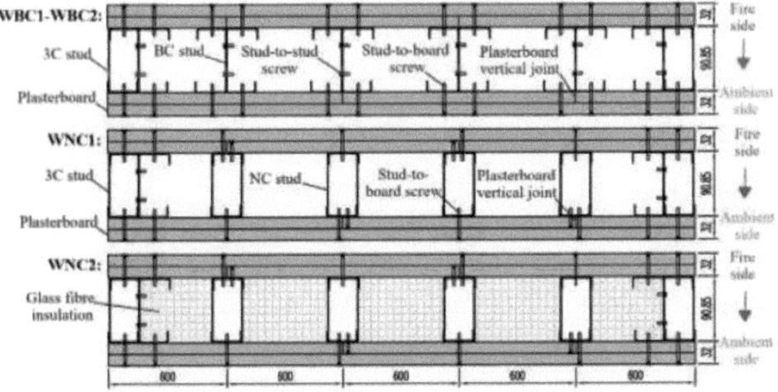

Secção em planta da parede de aço leve estudada na investigação de Tong Wai et al.

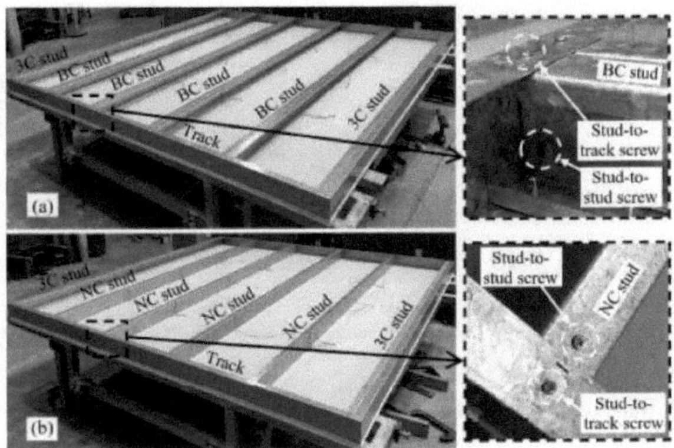

Estruturas de aço ligeiro constituídas por (a) pinos BC e (b) pinos NC fixados à via na investigação de Tong Wai et al.

Os resultados mostraram que as cavilhas BC podem ser feitas a partir de secções simétricas e assimétricas, enquanto as cavilhas NC só podem ser feitas a partir de secções de canal assimétricas. Por outras palavras, as vigas BC têm mais flexibilidade na estrutura do que as vigas NC. Por conseguinte, as paredes de vigas NC são mais eficientes do que as paredes de vigas BC. Estes dois modos são apresentados na figura abaixo.

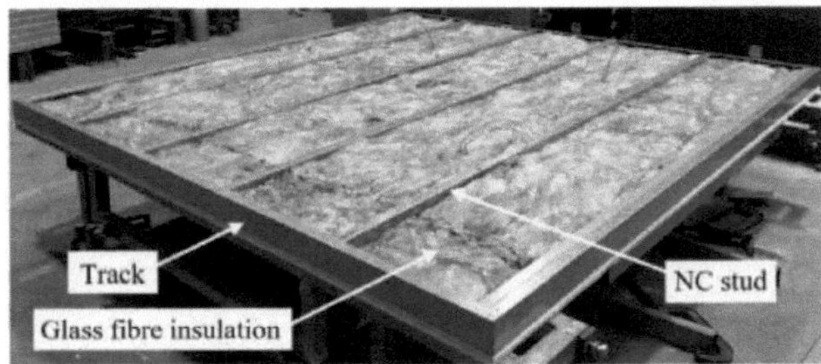

Isolamento de fibra de vidro na amostra de laboratório de Tong Wai et al

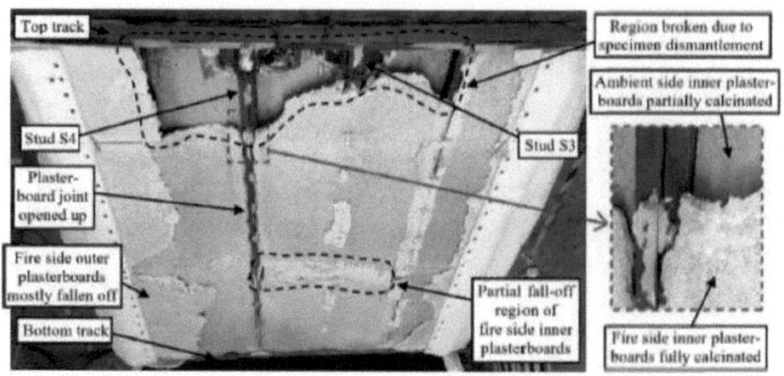

Damage and cracks in the laboratory sample of light steel structure due to fire load in the research of Tong Wai
et al

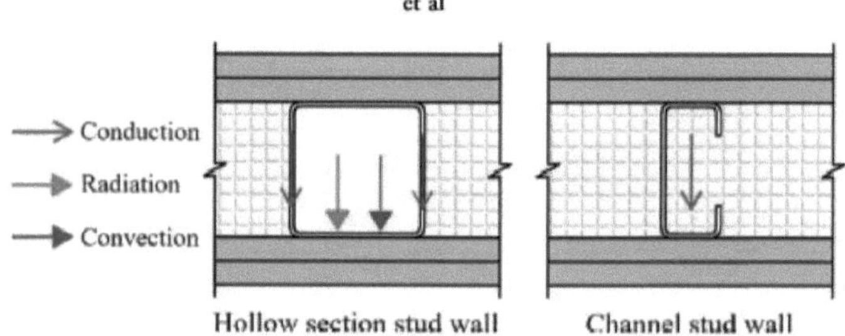

Os mecanismos de transferência de calor na secção oca e nas paredes de vigas com isolamento de cavidade investigados na investigação de Tong Wai et al.

Projeto e avaliação do desempenho de uma estrutura metálica ligeira sob carga de vento - Rodrigues (2019)

Nos últimos anos, surgiram novos sistemas inovadores para assegurar o desempenho estrutural e ambiental. Entre eles, a estrutura de aço leve (LSF) está a tornar-se um sistema estrutural eficaz para edifícios de pequena e média altura. Várias caraterísticas favoráveis, tais como a elevada relação resistência/peso, o baixo custo de transporte e a facilidade de fabrico, aceleram a utilização de elementos de CFS em muitos países como elementos estruturais e não estruturais. Além de proporcionar excelentes propriedades estruturais, térmicas e acústicas, este método também oferece uma solução sustentável, uma vez que a estrutura de aço é 100% reciclável e, ao mesmo tempo, permite poupanças de energia significativas. Este extenso estudo incide sobre as caraterísticas das estruturas LSF e analisou as várias caraterísticas inerentes a este método, tais como as propriedades dos materiais e as principais secções utilizadas, ao mesmo tempo que apresentou alguns revestimentos existentes no sector da indústria da construção. Também analisou e projectou, de acordo com os métodos de projeto europeus, uma estrutura de dois andares feita de estrutura de aço leve, utilizando paredes de cisalhamento com revestimento de madeira OSB como um sistema resistente a cargas laterais, incluindo o vento. Esta investigação começou por rever a

6

literatura sobre o tema do estudo e apresentou e analisou extensivamente os métodos de dimensionamento e reforço de estruturas de aço leve. Em seguida, na terceira parte dos estudos, avaliou e estudou um caso estrutural, alguns dos pressupostos e métodos de investigação, modelação e resultados importantes serão apresentados a seguir.

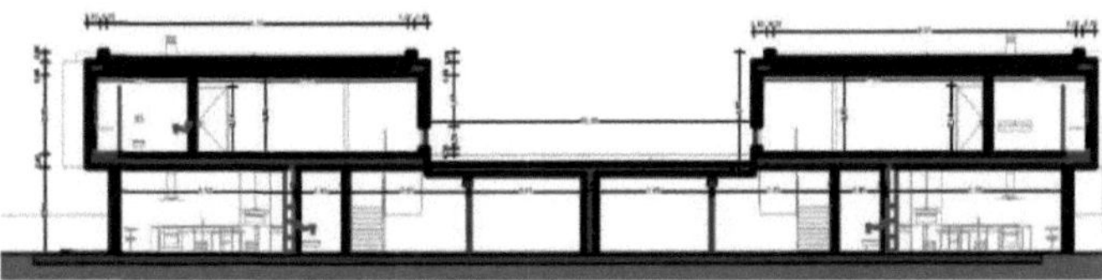

Vista lateral da estrutura de aço leve de 2 andares; um estudo de caso na investigação de Rodriguez

As paredes exteriores necessitam de pelo menos 20 cm de resistência devido à presença de uma secção de persiana, e o material de esferovite de 60 mm que fixou o isolamento térmico na parte exterior é fixado aos painéis OSB de 12 mm para fixar e reforçar a estrutura da estrutura. No interior do caixilho, lã de rocha com isolamento acústico de 40 mm e painéis OSB de 9 mm são instalados no interior da parede. Por fim, existe uma placa de gesso de 11 mm como cobertura. Na figura seguinte, é apresentada a imagem da parede de aço leve melhorada. Além disso, o sistema de pavimento da estrutura em aço leve foi melhorado utilizando o método proposto. A laje de piso tem uma camada de OSB de 18 mm no topo das vigas e o sistema de abastecimento de água e o sistema elétrico estão instalados no topo, enquanto os sistemas de esgotos e de ar condicionado estão localizados por baixo e dentro de uma secção falsa.

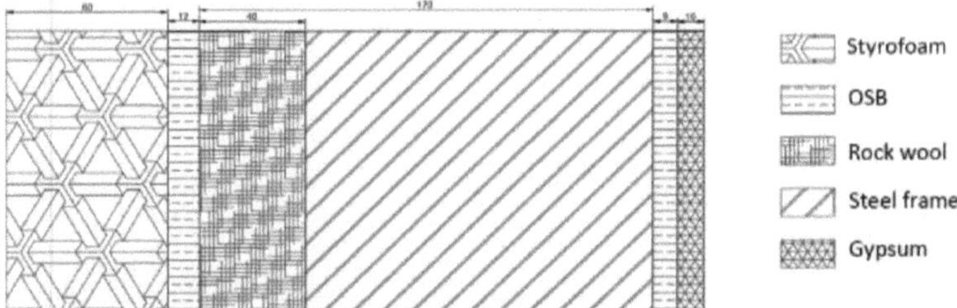

Esquema reforçado da parede exterior na investigação de Rodriguez

Para cobrir os tubos acima da laje, existe uma camada de 100 mm de betão leve e 50 mm de argamassa, que é completada com uma camada de parquet ou azulejos como revestimento. Sob as vigas existe um teto falso, constituído por uma placa de gesso de 11 mm, uma camada de lã de rocha de 40 mm e uma parte fixa. Além disso, é colocado um tipo de laje sobre a garagem, que tem uma camada final adicional de impermeabilização betuminosa.

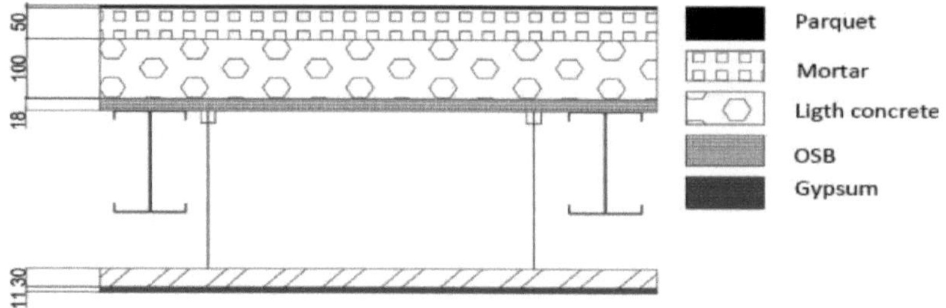

Esquema da laje de piso proposta na estrutura de aço leve da investigação de Rodriguez

Finalmente, a laje de cobertura tem um OSB de 12 mm no topo das vigas e um painel sanduíche de 30 mm fixado aos perfis verticais na direção Z que criam a inclinação. Sob as vigas do teto, existe um teto falso, constituído por uma placa de gesso de 11 mm, uma camada de lã de rocha de 40 mm e uma estrutura fixa. A estrutura foi concebida com base nas normas ECO, EC1 e EC3, que são as regras de conceção de estruturas, medidas sobre estruturas e regulamentos de conceção de estruturas de aço, respetivamente. As medidas que foram realizadas na secção de carga e na secção de análise e cálculo estrutural foram a aplicação de cargas de gravidade, sobrecarga e carga de vento. Outros tipos de cargas relacionadas com fenómenos como a neve ou as mudanças extremas de temperatura não afectam o tipo de edifício e o local de entrada, e de acordo com as condições de construção da estrutura, esta não foi submetida a qualquer análise. O peso da estrutura foi

No estudo, utilizando o simulador de túnel de vento Robot Structural Analysis, foram calculados e medidos os valores numéricos da força do vento na estrutura de aço leve, utilizando a pressão dinâmica de referência (qb=713,71N/m2) com as pressões calculadas pelo método Eurocódigo. Verificou-se uma distribuição mais homogénea.

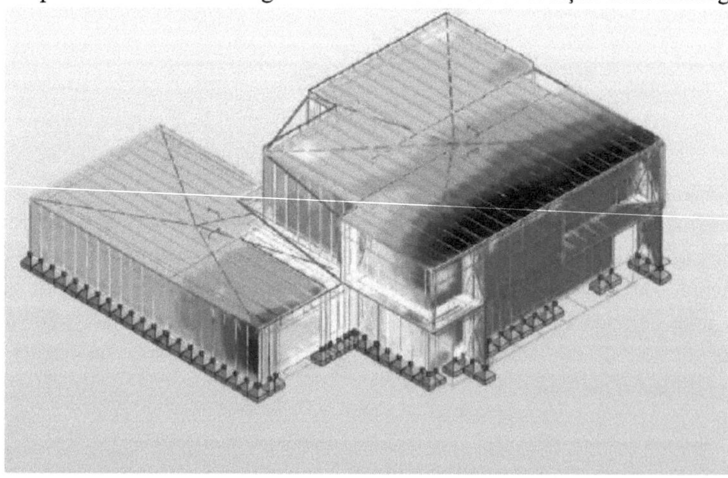

Força de pressão do vento na estrutura em direcções horizontais no estudo de Rodriguez

No final da investigação, foi possível constatar, de forma sucinta, que a estrutura metálica ligeira é um método construtivo relativamente recente que apresenta várias vantagens em termos de tempo de execução, custo, qualidade e estabilidade em edifícios de habitação. No entanto, esta solução ainda é pouco utilizada em Portugal, principalmente devido à falta de conhecimento dos factores construtivos e de execução da estrutura. Por um lado, as pessoas têm mais auto-confiança ao utilizarem estruturas pesadas de betão, o que lhes dá uma sensação de segurança, o que não é de todo verdade. Por outro lado, os fabricantes não dispõem de conhecimentos suficientes, de fontes de informação qualificadas e de mão de obra qualificada. A regulamentação que dificulta a utilização deste método de construção deve ser objeto de uma atenção especial. Por exemplo, para a emissão de uma licença para qualquer construção, é necessário um período de responsabilidade dado pelo engenheiro e uma certificação, tanto na fase de projeto como na de construção. Muitas vezes, existem os mesmos requisitos para arquitectos, técnicos de SHST, inspectores e outros agentes de execução. Devido ao número de pessoas envolvidas, é pouco provável que todos estejam familiarizados com este método de construção ou com as regras normativas aplicadas. Além disso, a maioria das normas europeias ou nacionais são muito confusas e difíceis e carecem de algumas caraterísticas essenciais, como o método de funcionamento melhorado do diafragma com coberturas.

Estrutura LSF sem parede de corte independente

Ensaios experimentais e análise numérica do desempenho estrutural do pórtico LSF com revestimento OSB e investigação do comportamento das ligações aparafusadas em carga lateral estática - Henriques et al. (2017)

Nesta investigação, discute-se o comportamento de painéis LSF com ligações aparafusadas expostos a cargas laterais e fornece-se uma visão mais aprofundada do comportamento destes painéis através de ensaios laboratoriais e modelação numérica. Portanto, seus principais objetivos são:

(I) Discutir a avaliação analítica, experimental e numérica de juntas aço-aço, entre elementos refrigerados e juntas aço-placa (OSB).

(II) discussão dos resultados dos ensaios efectuados em painéis de LSF reforçados e não reforçados sob carga lateral.

(3) Com base num modelo numérico calibrado, fornecer outro modelo numérico.

Esta investigação está dividida em duas partes principais, a primeira das quais trata do comportamento de juntas aparafusadas; enquanto a segunda parte trata do comportamento de painéis de LSF reforçados e não reforçados sujeitos a cargas laterais. Os principais resultados deste trabalho são: (1) determinar a contribuição da placa OSB na rigidez lateral do painel LSF e confirmar o seu grande efeito no desempenho sísmico da estrutura ligeira; (2) as juntas entre a placa OSB e a estrutura de aço são a parte determinante da resistência do painel à carga lateral; e (3) a contribuição significativa da placa OSB mostra que não deve ser ignorada, como está atualmente na norma europeia EN-1993-1-3. De seguida, serão apresentados graficamente alguns resultados.

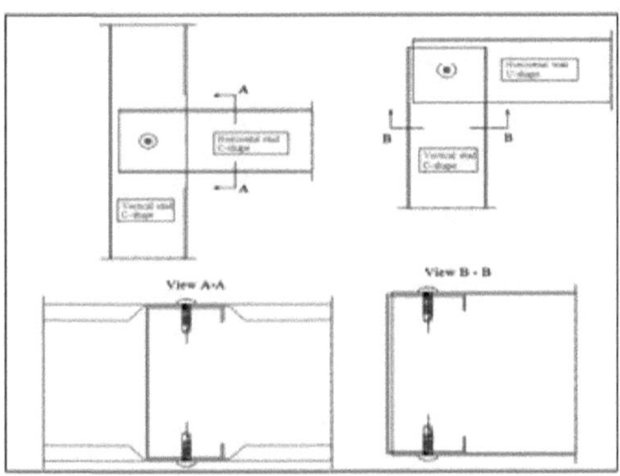

Exemplos de ligações por cavilhas em painéis LSF antes e depois de melhorados com painéis de reforço na investigação de Henriques et al.

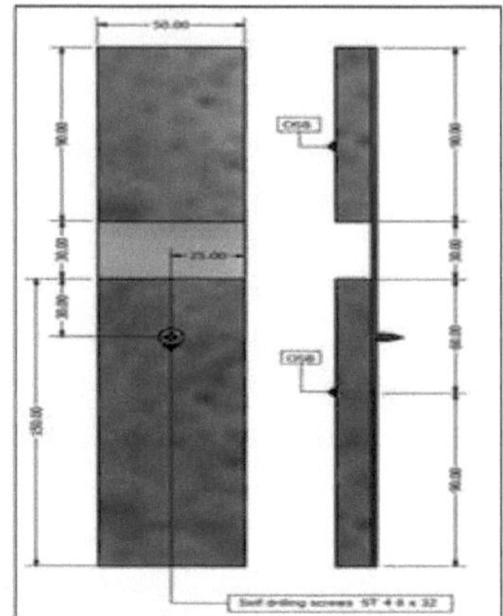

Ensaio de configuração com ligação OS B a parede de corte por parafuso de aço e deformação experimental de OS B

ligado a parafuso de aço

Na figura anterior, é apresentada uma imagem de exemplo de uma estrutura ligeira com um painel de reforço (OSB) feito de placas de madeira.

Ensaio da configuração da ligação do OSB à parede de corte com parafusos de aço e deformação experimental

da ligação do OSB aos parafusos de aço

Os resultados da investigação mostraram que a abordagem AISI fornece resultados mais exactos do que a EN 1993-1-3, que é mais conservadora. Os cálculos numéricos mostraram que a deformação causada apenas pela ligação é insignificante em comparação com as deformações que podem ocorrer noutras partes ou devido à excentricidade. Estudos experimentais sobre ligações aparafusadas OSB-aço mostram alterações na resistência elástica secundária. Esta questão deve-se ao facto de os danos causados pela parte OSB da ligação serem controlados, o que cria uma elevada plasticidade nas propriedades mecânicas. Isto é especialmente determinado na resistência final do material, que é controlada pela microestrutura não uniforme do material. Uma comparação entre a abordagem analítica apresentada na EN 1-1-1995 e os ensaios laboratoriais mostra a abordagem conservadora da norma. No entanto, este facto é justificado pela grande diversidade das propriedades dos materiais dos painéis OSB. A comparação entre o painel que utiliza bandas de aço planas e o painel que utiliza placas OSB, para o contraventamento lateral, mostrou que a contribuição da placa OSB é significativa e, por conseguinte, é uma solução compatível para a estabilidade lateral das estruturas LSF. Atualmente, a norma EN 1993-1-3 ignora completamente este tipo de elemento de construção na construção LSF. A AISI recomenda a utilização destes elementos para a estabilidade lateral das estruturas de LSF. Os resultados da experiência mostraram que a ligação entre as placas de madeira ou de madeira e a estrutura de aço afecta a capacidade de carga lateral e a rigidez lateral do painel. No entanto, o papel das placas OSB no carregamento lateral dos painéis LSF foi investigado e deve ser incluído na estrutura. Por conseguinte, recomenda-se uma revisão da norma EN 1993-1-3, a fim de abordar a contribuição dos painéis de madeira para a rigidez lateral do LSF.

Investigação do desempenho da estrutura LSF através da colocação de contraventamentos diagonais e comparação com sistemas de aço e betão - Ebrahimi et al. (2018)

Nesta investigação, foi discutida a familiaridade com este tipo de estrutura, a forma de a implementar e uma visão geral da investigação realizada no domínio do desempenho sísmico. Além disso, a utilização de secções de aço laminadas a frio e a ausência de tensões residuais neste tipo de secções são responsáveis pelo seu comportamento adequado durante o carregamento. Este tipo de estrutura tem pouca resistência à deformação se não for utilizado o sistema de apoio lateral. Através da análise dos ensaios efectuados no sistema de apoio lateral das estruturas LSF, incluindo o contraventamento diagonal (transversal), foram estudadas duas filas diagonais e diagonais com um ângulo de 45 graus para resistir às cargas laterais recebidas. Esta investigação indica o melhor desempenho do sistema de contraventamento diagonal em duas filas, o que finalmente mostra o comportamento adequado e desejável deste tipo de estrutura durante um terramoto. Este tipo de sistema de carga lateral é superior a outros sistemas de carga lateral devido à sua capacidade de suportar a maior força em relação à mudança da sua localização e ao aumento do fator de plasticidade. De acordo com a investigação realizada neste domínio, podem afirmar-se caraterísticas como a leveza, a poupança de energia, a utilização de materiais mínimos, a compatibilidade com qualquer tipo de condições climatéricas, o que leva à colocação deste tipo de estrutura em estruturas verdes.

Neste estudo, a modelação foi efectuada com o software SAP2000 e os contraventamentos diagonais foram concebidos de acordo com os requisitos das normas AISI S213 ou AISI S400 2016 e os requisitos do sexto capítulo da publicação 612 do Centro de Investigação de Estradas, Habitação e Desenvolvimento Urbano. O primeiro passo para a conceção dos contraventamentos diagonais é a localização dos contraventamentos diagonais. Esta localização no plano arquitetónico do edifício é o principal determinante da escolha do tipo de contraventamento com base no diâmetro da cinta ou nas coberturas estruturais de aço e madeira; porque o plano arquitetónico determina a distribuição das forças com base nas paredes de corte e no contraventamento. Por isso, a primeira questão foi verificar o estado das paredes para determinar o tipo de parede de cisalhamento ou contraventamento e a sua localização.

Para a colocação de paredes de contraventamento diagonal com cintas de aço em estruturas de estrutura metálica ligeira, a primeira condição obrigatória é observar um ângulo mínimo de 30 graus e um máximo de 60 graus no ângulo de instalação dos contraventamentos diagonais. Se este ângulo não for assegurado, o tipo de parede deve ser alterado de contraventamento diagonal para uma parede de corte revestida com chapas de aço ou de madeira. Se a força distribuída da parede não for muito elevada, é possível utilizar 2 áreas de contraventamento diagonal na altura da parede, dividindo-a exatamente a partir do ponto médio em partes superior e inferior.

Outra condição muito importante para determinar a localização de paredes de contraventamento diagonal com cintas de aço ou paredes de corte cobertas com placas de madeira ou chapas de aço é a exatidão da planura e uniformidade das paredes. As paredes que têm uma curvatura plana ou que são escolhidas para símbolos arquitectónicos não são adequadas para serem selecionadas como paredes de contraventamento ou paredes de corte revestidas com painéis estruturais de madeira ou cobertura de chapa de aço, e o contraventamento em paredes com curvatura plana é proibido.

Para a modelação dos pórticos, as amostras reforçadas do pórtico em 3 categorias gerais, incluindo a amostra de cana não reforçada (amostra de base), a amostra de travessa, a amostra de travessa de duas filas e a amostra reforçada com chapa de 45 graus, foram sujeitas a um carregamento monotónico. Comparando os resultados obtidos a partir da análise de amostras com amostras não reforçadas, verificou-se que a capacidade de suporte da estrutura reforçada com duas filas de travessas está próxima da estrutura de cobertura total de 45 graus. A utilização de aço com maior tensão de cedência aumenta a resistência estática e a resistência sísmica do quebra-vento, mas reduz a sua capacidade de absorção de energia. A utilização de chapas de aço a 45 graus aumenta a plasticidade da estrutura. Neste estudo, foi efectuada a avaliação caso a caso e a comparação do sistema de suporte lateral da estrutura LSF com outros métodos existentes. Com base na investigação efectuada e na realização de numerosos estudos sobre a estrutura de aço leve (LSF), foram determinados os seguintes resultados:

A possibilidade de instalar isolamentos impermeáveis, térmicos e resistentes ao fogo e todos os tipos de revestimentos internos e externos reduz o consumo de energia, incluindo a energia de aquecimento e de arrefecimento, o que justifica a colocação da estrutura LSF no grupo das estruturas verdes e conduz ao desenvolvimento de uma energia sustentável. Os resultados mostraram que este tipo de estrutura é compatível com qualquer tipo de condições climatéricas e pode ser utilizado em diferentes regiões do nosso país.

Devido à sua leveza e diversidade no seu sistema de implementação e instalação, pode dizer-se que a estrutura LSF é económica em termos de execução e aumenta a velocidade de execução dos trabalhos, o que, consequentemente, permite poupar dinheiro e tempo. Além disso, para a reconstrução de edifícios em zonas afectadas por terramotos e zonas desfavorecidas, a utilização deste sistema estrutural é muito eficaz pela razão mencionada.

A análise deste tipo de estrutura no domínio da arquitetura, a ausência de limitações nos padrões arquitectónicos e a presença de espaço interior, bem como a combinação deste tipo de estrutura com várias fachadas, permite implementar vários estilos arquitectónicos nesta estrutura e conceber o interior do edifício como desejado. Além disso, o sistema de paredes LSF, que inclui várias paredes estruturais e não estruturais, bem como estruturais e não estruturais, sendo as mais importantes os painéis de estrutura estrutural não estrutural, entre armações, muro de contenção e cobertura externa, reduz os riscos financeiros e as vidas causadas pelo terramoto, e ajudará mesmo na melhoria técnica deste tipo de estrutura, bem como no aumento do coeficiente de comportamento global da estrutura.

Ao examinar e comparar o caso deste tipo de estrutura com estruturas comuns no Irão, incluindo estruturas de betão e de aço, pode compreender-se que este tipo de sistema estrutural tem certas vantagens em relação às estruturas acima mencionadas, incluindo baixo consumo, materiais de construção, comportamento sísmico adequado, e também devido ao sistema estrutural que inclui uma estrutura simples e um sistema de suporte de carga lateral incluindo estruturas de contraventamento de tração (para 2-3 pisos) e vários tipos de paredes de cisalhamento (para 5 pisos), este tipo de desempenho estrutural será melhor contra sismos.

Desempenho de diferentes modelos de contraventamentos de vento no reforço de estruturas de aço leve (LSF) - Shekarzadeh e Azimi-Nejad (2016)

Nas estruturas de aço leve (LSF), as cintas de contraventamento ou paredes de cisalhamento são utilizadas para suportar cargas laterais em estruturas laminadas a frio. Considerando que o peso dos materiais, a preparação e a execução da parede de cisalhamento são os fatores limitantes para o seu uso no melhoramento de chaminés, a determinação de arranjos que aumentem o uso da parede de cisalhamento pode ser um dos fatores importantes para melhorar o desempenho de pórticos no melhoramento e reforço de pórticos, seja Nesta pesquisa, a amostra de laboratório selecionada para verificar o desempenho do sistema light steel frame (LSF) e a precisão da **modelagem no software Abaqus inclui um sistema LSF lght steel frame que foi testado** por Liu et al. (2016). Para este efeito, as amostras reforçadas da estrutura em 3 categorias gerais, que incluem amostra não reforçada, amostra de travessa, amostra de travessa de linha dupla e amostra reforçada com folha de 45 graus, foram submetidas a um carregamento monotónico, comparando os resultados obtidos a partir da comparação das amostras com Amostra não reforçada, verificou-se que a capacidade de suporte da estrutura reforçada com travessas está próxima da estrutura de cobertura total de 45 graus. A utilização de aço com maior tensão de cedência aumenta a resistência estática e a resistência sísmica do quebra-vento, mas reduz a sua capacidade de absorção de energia. A utilização de chapas de aço a 45 graus aumenta a plasticidade da estrutura.

De seguida, serão apresentadas algumas das partes mais importantes desta investigação.

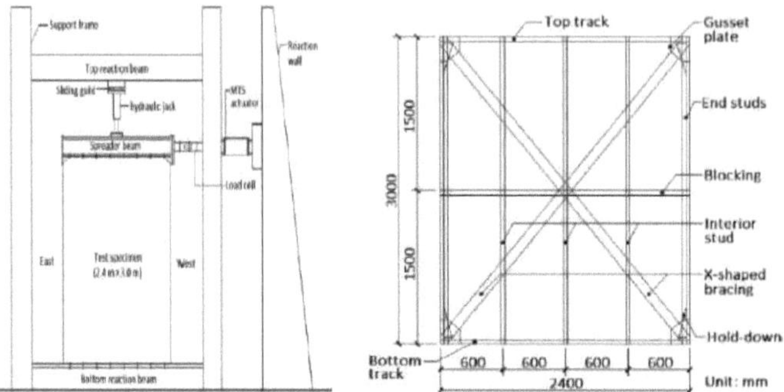

Pormenores do carregamento e da modelação da amostra de laboratório e pormenores das secções

O protocolo de carregamento das amostras foi tal que a força de pressão (gravidade) foi aplicada de cima para baixo na superfície superior da estrutura, no valor de 200 quilonewtons, e o deslocamento foi aplicado lateralmente. A carga aplicada ao pórtico foi linear. A malha de todas as amostras é do tipo M3D4R (elemento contínuo 3D de 4 pontos com integral reduzida). Em seguida, são apresentados os resultados das experiências.

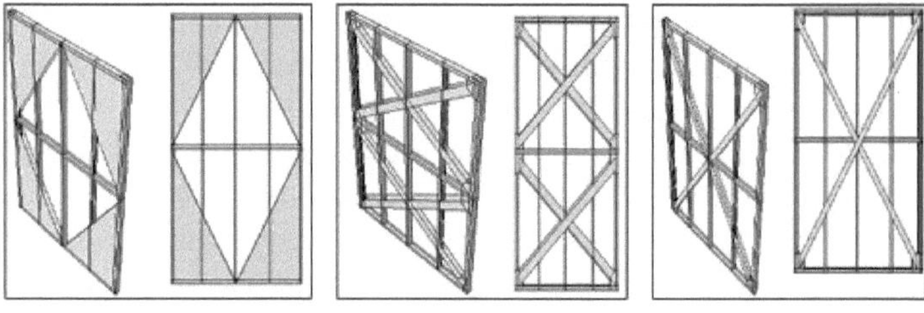

Diferentes modos de modelação na investigação de Shekarzadeh e Aziminejad

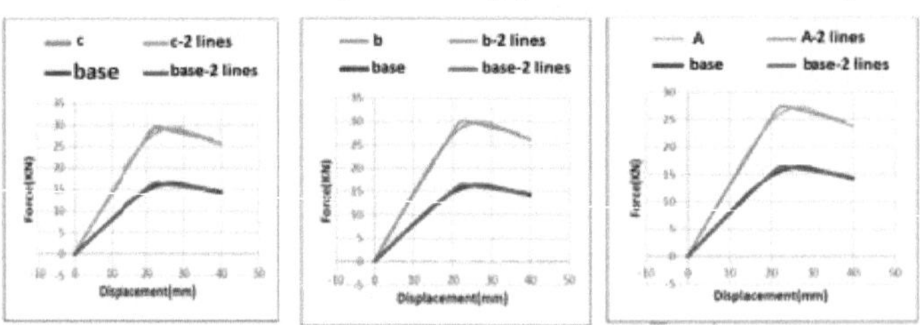

O diagrama força-deslocamento das amostras na investigação de Shekarzadeh e Aziminejad De acordo com a figura acima, pode ver-se que nos modelos A, B e C, a força de corte máxima que pode ser tolerada nos pórticos é de 28,42, 30 e 29,22 quilo newtons, respetivamente, o que representa um aumento de 66,7%, 83,7% e 78,9% em relação à amostra de base.

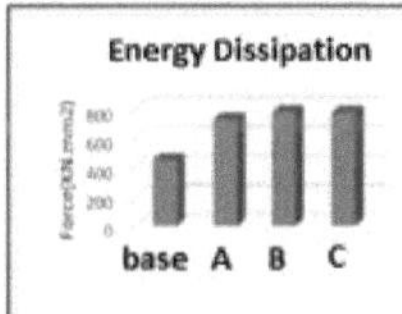

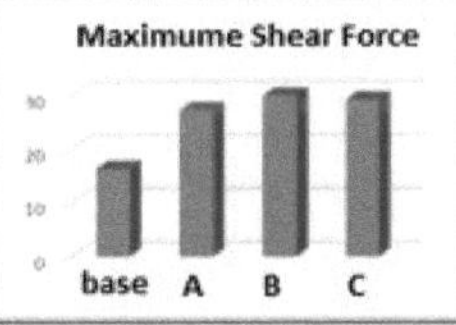

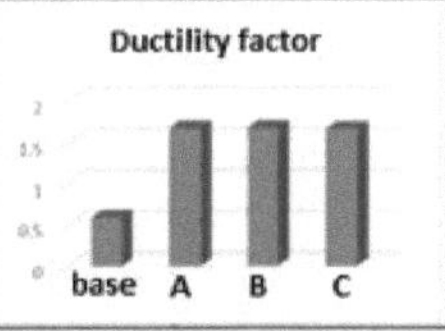

Diagrama da resistência máxima das amostras, da energia consumida pelas amostras e do coeficiente de plasticidade das amostras na investigação de Shekarzadeh e Aziminejad

O primeiro resultado da investigação é o nível abaixo do grafite, que é na realidade a quantidade de energia depreciada resultante das cargas na estrutura

É. Quanto maior for este nível, mais maleável será a estrutura e esta terá um maior potencial de consumo de energia. Este ponto pode ser muito importante em zonas sísmicas, onde o objetivo do projeto é aumentar a ductilidade da estrutura. A simetria nos diagramas acima nos ciclos iniciais também indica o mesmo comportamento da estrutura contra cargas cíclicas, e quanto maior a quantidade desta simetria no diagrama, mais uniforme será o comportamento da estrutura em cargas cíclicas.

Nos diagramas, à medida que a inclinação do diagrama diminui, estamos de facto perante uma deterioração da rigidez da estrutura. A diminuição da dureza ocorre maioritariamente em todos os tipos de estruturas que são sujeitas a ciclos de carga longos e entram na gama plástica, o que foi observado nestes diagramas e em todos eles. Além disso, para além do comportamento geral dos gráficos de todos os modelos, os próprios modelos apresentam os seguintes comportamentos em comparação uns com os outros:

A força de cedência no diagrama indica a resistência estática e o intervalo de deformação plástica indica a resistência à vibração do amortecedor. Parâmetros como a área do diagrama e a deformação total são um símbolo da capacidade de absorver a energia do vento. Um engenheiro de projeto deve ter em conta os três. Mas entre as geometrias especificadas, a geometria B tem a maior capacidade de absorver energia e resistir a sismos, e a geometria C apresenta a maior resistência estática.

O aumento da espessura do canto que forma o núcleo aumentou a resistência estática da amostra e reduziu a capacidade de absorção de energia num terramoto. Além disso, a utilização de aço com maior tensão de cedência aumenta a resistência estática e sísmica dos quebra-ventos, mas reduz a sua capacidade de absorção de energia. Além disso, a utilização de chapas de aço a 45 graus aumentou a plasticidade da estrutura.

Modelação e comparação do desempenho de uma estrutura LSF com cinta de vento e parede de corte - Zare e Bazafkan (2019)

Nesta investigação, em primeiro lugar, o edifício LSF foi projetado com o software SAP2000 e um dos pórticos bidimensionais, uma vez com uma cinta de vento e outra com uma parede de cisalhamento, foi analisado e projetado. As dimensões dos perfis de travamento são 25 mm de largura e 0,1 mm de espessura. A espessura da parede de corte é de 0,2 mm, cuja imagem é apresentada no artigo seguinte.

Parede de cisalhamento de aço em estrutura LSF

Depois de efetuar a modelação macro com o software SAP2000 e as análises necessárias, procedeu-se à análise do software e os resultados serão apresentados de seguida.

A taxa de cisalhamento da base do dimensionamento no pórtico com parede de cisalhamento tem um valor menor do que o dimensionamento do pórtico com contraventamento, o que mostrou o comportamento muito mais adequado do pórtico com parede de cisalhamento do que o contraventamento.

Os resultados mostraram que o sistema de parede de cisalhamento de aço teve um deslocamento muito menor do que o sistema de cinta dupla em todos os modelos e observou-se que o sistema de parede de cisalhamento de material de aço laminado a frio teve um melhor desempenho no deslocamento do que o sistema de contraventamento em estruturas de aço leve. É laminado a frio. Os resultados mostraram que o aumento da periodicidade no pórtico de travamento transversal aumentou com uma inclinação maior do que o aumento dos pisos, enquanto que este aumento no pórtico com uma parede de cisalhamento feita de materiais de aço laminados a frio aumentou com uma inclinação muito mais suave. Este comportamento também se verificou em proporção inversa na frequência da estrutura. Portanto, o comportamento das estruturas de acordo com o desempenho da estrutura, neste caso, a estrutura com uma parede de corte feita de material de aço laminado a frio tem um desempenho muito mais adequado. Os resultados da comparação do deslocamento da cinta e da parede de cisalhamento mostraram que a quantidade de deslocamento resultante da estrutura com parede de cisalhamento é muito menor do que o deslocamento da estrutura com cinta e este deslocamento menor mostra o melhor nível de desempenho da estrutura sob o sismo de projeto. É. Esta quantidade de deslocamento é muito notável, o que aumentou o tamanho das secções da estrutura. No final da investigação, foram recolhidos e apresentados os seguintes resultados:

A quantidade de cisalhamento de base no pórtico com parede de cisalhamento é menor do que a quantidade de cisalhamento de base no pórtico com cinta de reforço. A quantidade de periodicidade no pórtico com parede de corte é muito inferior à do pórtico com cinta de aço e a quantidade de frequência no pórtico com parede de corte é superior à do pórtico com cinta de aço. O deslocamento das estruturas é quase o mesmo em ambos os casos do pórtico com cinta e do pórtico com parede de cisalhamento de aço feito de materiais LSF. Em termos de custo e eficiência

18

económica, de acordo com os resultados obtidos a partir da quantidade de deslocamento e absorção de energia e de acordo com a utilização de materiais de chapa de aço laminada a frio, a utilização de uma cinta de aço acessível até à altura de 5 pisos da estrutura é mais económica e o desempenho é quase igual. O aço laminado a frio tem um desempenho muito melhor.

Modelação do desempenho sísmico de uma estrutura LSF de um piso melhorada com parede de corte e cintas de aço e cobertura de painéis de gesso sob carga estática não linear - Seyed Sharfi e Hatami (2017)

A cinta diagonal é um dos sistemas de suporte lateral mais utilizados em estruturas de aço ligeiro. Normalmente, após a instalação das cintas em estruturas de aço laminado a frio, são utilizadas uma ou mais camadas de revestimento de gesso para as cobrir. Este revestimento de gesso, que é frequentemente negligenciado pelos projectistas na conceção estrutural, pode ter um efeito significativo no desempenho sísmico do sistema. Nesta investigação, em primeiro lugar, foi apresentado um método para a modelação numérica de paredes de cisalhamento com cintas de aço e revestimento de gesso e, em seguida, foram investigados os efeitos da presença de revestimento de gesso nas caraterísticas do comportamento lateral e nos níveis de desempenho sísmico de paredes de cisalhamento com cintas diagonais. Os resultados desta investigação mostraram que a presença do painel de gesso aumenta (até 1,5 vezes) a perda de energia na estrutura durante um sismo e aumenta a sua resistência e dureza. Além disso, as paredes compostas por cinta diagonal e revestimento de gesso atingem um certo nível de desempenho em deslocamentos menores em comparação com o sistema de cinta. De seguida, apresentam-se alguns pressupostos e resultados desta investigação

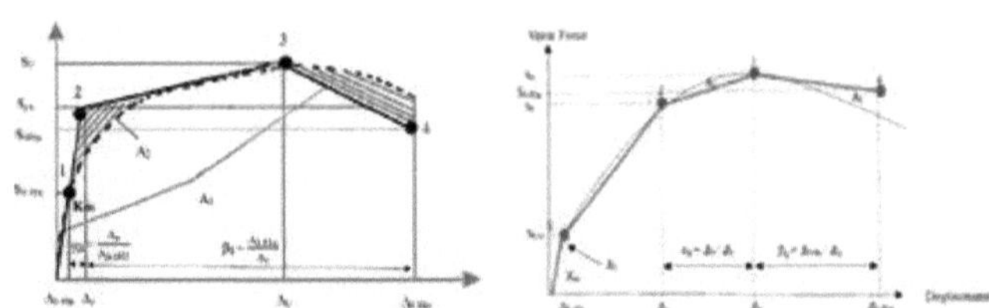

Curva de cobertura polilinear da estrutura de aço leve (LSF) na investigação de Seyed Sharfi e Hatami no caso do gesso
Revestimento ou suporte diagonal da correia.

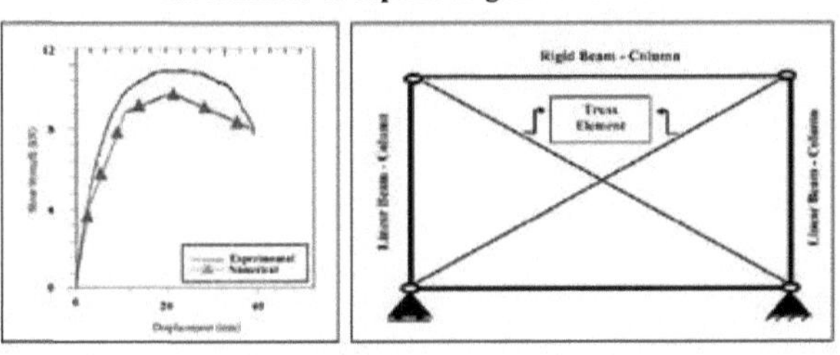

Esquema do modelo de parede de cisalhamento em aço leve e resultados da validação na investigação de Seyed Sharfi e Hatami

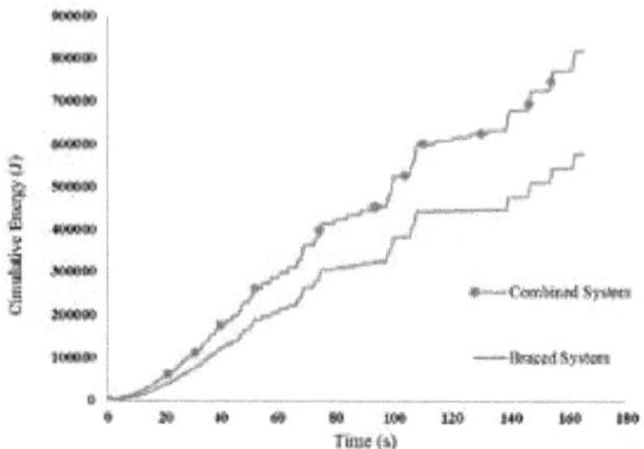

**Comparação da quantidade de energia acumulada do sistema combinado com os contraventamentos apenas na estrutura de aço leve
na investigação de Seyed Sharfi e Hatami**

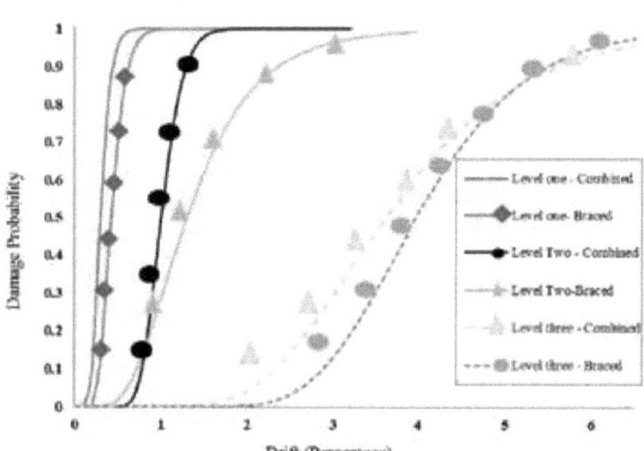

Diagrama de rotura em estruturas de aço ligeiro na investigação de Seyed Sharfi e Hatami

Como se pode ver na figura acima, em quase todos os níveis de desempenho, o sistema combinado atingiu um determinado nível de rotura com um menor deslocamento lateral em comparação com a cinta isolada. Considerando que o critério de resistência foi utilizado na definição do critério de rotura, isto significa que o pórtico misto atinge uma certa percentagem da sua resistência final em menos locais. Naturalmente, a diferença mais pequena entre as curvas de fragilidade do sistema misto e da contraventamento está apenas relacionada com o nível de desempenho do limiar de colapso. A razão para esta pequena diferença pode ser que, em deslocamentos elevados, o revestimento de gesso não tem muita resistência e praticamente a parede de corte actua como um único sistema de contraventamento.

Relativamente à quantidade de deslocamento relativo correspondente aos diferentes níveis de desempenho, de acordo com as curvas de fragilidade, são sugeridos para o sistema combinado os valores de 0,23, 1,3 e 3,6% para os níveis de desempenho de serviço imediato, segurança de vida e limiar de colapso, sendo que os valores para os contraventamentos são apenas inferiores.

Um dos resultados importantes desta investigação é o efeito positivo da presença do sistema de revestimento de gesso no aumento do consumo de energia (ver Figura 35). Os resultados mostraram que o revestimento de gesso aumenta a perda de energia do terramoto até 1,5 vezes no sistema combinado, em comparação com o revestimento isolado, o que se deve principalmente à perda de energia resultante da falha do revestimento nas suas juntas. Além disso, o revestimento de gesso aumenta a resistência da estrutura. Este aumento de resistência não é igual à resistência máxima do revestimento de gesso, mas de 0,6 a 0,93. A razão para este facto é a ocorrência de falhas no revestimento de gesso antes de experimentar a resistência máxima do cinto de proteção contra o vento. Em geral, pode dizer-se que a presença de um revestimento de gesso melhora o comportamento sísmico da estrutura de aço leve (LSF). Além disso, a presença do revestimento de gesso reduz a ductilidade do sistema e reduz as derivas correspondentes aos níveis de desempenho da estrutura de contraventamento.

CAPÍTULO 3

Parede de cisalhamento CFS

Ensaios de paredes de cisalhamento de aço CFS com cobertura de chapa de aço sob carga cíclica Esmaili Niyari et al. (2016)

Nesta investigação, foram construídas e ensaiadas três amostras de paredes de cisalhamento CFS com cobertura de aço de um piso no laboratório de estruturas da Universidade de Sahand. As amostras foram construídas horizontalmente no chão do laboratório e instaladas verticalmente na estrutura do laboratório, tendo sido utilizado um macaco hidráulico de 100 toneladas para aplicar a carga lateral. Para evitar a mudança de localização fora do ecrã, foi utilizado o sistema de retenção lateral.

Ferramentas e modelos de laboratório na investigação de Esmaili Nyari et al

In the following, some of the most important results of this research will be presented.

Encurvadura por corte da cobertura de aço numa amostra de uma parede de corte numa estrutura ligeira durante diferentes fases de carregamento

No final do ensaio, ocorreu uma encurvadura por corte permanente no invólucro de aço. Devido ao facto de o carregamento ser aplicado ciclicamente e bilateralmente, a encurvadura diagonal é criada em duas direcções.

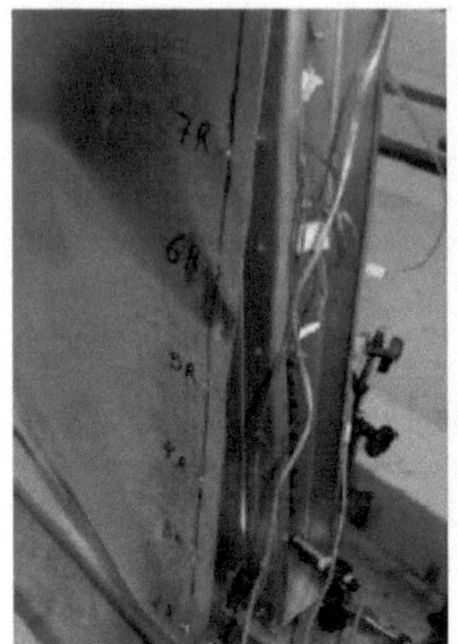

Saliência do parafuso e separação da tampa da estrutura circundante

Encurvadura local do pilar

Encurvadura e elevação da viga e encurvadura local do pilar lateral na estrutura de aço leve De acordo com os resultados dos ensaios, os modos de falha dos painéis de parede de cisalhamento do tipo LSF com cobertura de aço incluem a encurvadura por cisalhamento da cobertura de aço, o estiramento dos parafusos que ligam a cobertura à estrutura circundante e a separação da chapa de cobertura de aço da estrutura circundante. Por conseguinte, o fator mais importante na falha dos painéis de corte com cobertura de aço é a rutura das ligações da cobertura à estrutura envolvente, o que provoca a separação da chapa de cobertura de aço da estrutura envolvente e causa a perda da resistência ao corte do painel de corte. Ao examinar a forma como a espessura do revestimento de aço afecta o comportamento de corte da parede de corte, pode concluir-se que, ao aumentar a espessura do revestimento de aço de 1 mm para 1,5 mm, a capacidade de corte do painel aumentou 35% e a rigidez elástica aumentou cerca de 7%. Além disso, ao utilizar um revestimento de dupla face nas amostras, a capacidade de corte aumentou quase 100% e a dureza elástica cerca de 23%.

Ensaio de paredes de cisalhamento com revestimento de aço de um lado e de dois lados para pórticos CFS sob carga cíclica Mohebi et al. (2015)

Neste estudo, foram efectuados ensaios de carga cíclica em 6 amostras de paredes CFS. Os modos de falha dominantes observados incluem a encurvadura do invólucro, a encurvadura do rolamento, a encurvadura da ligação da bainha à estrutura e a encurvadura do perno diagonal. As paredes de cisalhamento cobertas mostraram uma maior perda de energia do que as paredes de encurvadura com pernos diagonais. A utilização de coberturas de dupla face dissipadoras de energia de vários materiais, tais como aço, placas de madeira, fibras e outros, aumentou a resistência ao corte e a rigidez elástica em 70%, 63% e 115%, respetivamente, em comparação com paredes com cobertura unilateral. Na utilização de revestimento em ambos os lados, é necessário evitar a falha do glamikh diagonal. De seguida, os resultados importantes serão apresentados graficamente.

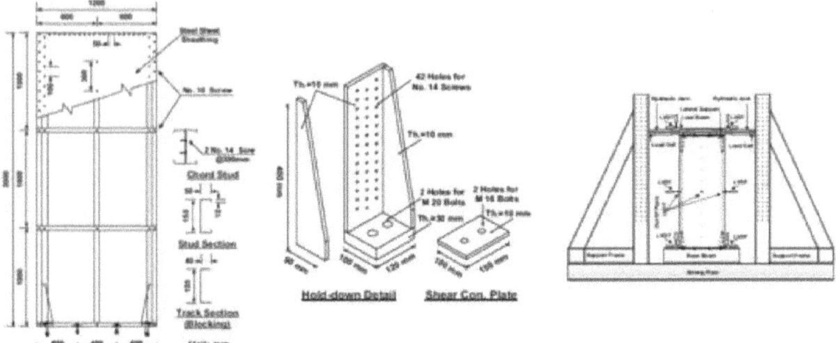

Pormenores da conceção e disposição dos parafusos para paredes de cisalhamento, (pormenores de retenção e esquemas de ensaio da configuração LVDT

and arrangement)

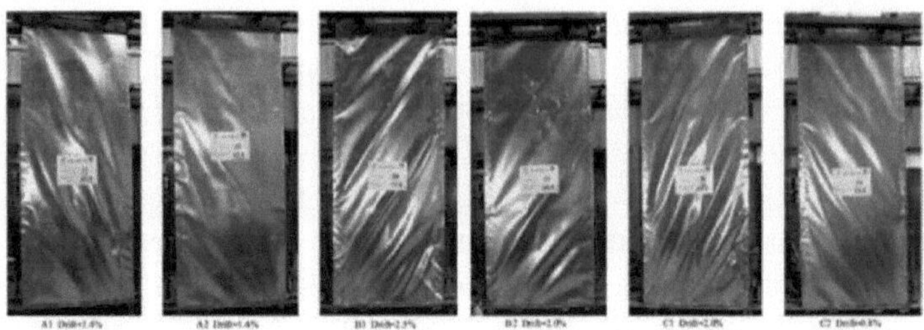

Encurvadura de paredes de cisalhamento reforçadas em todos os espécimes

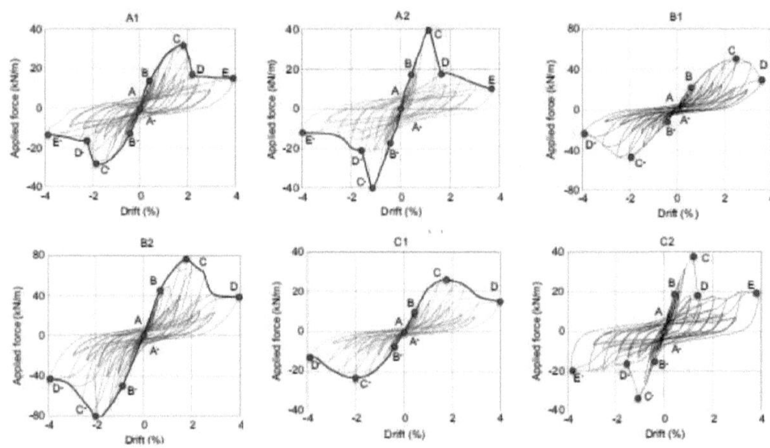

Hysteresis curve of the six investigated samples

Nesta investigação, a modelação foi efectuada com o software SAP2000, sendo apresentado de seguida o modelo analítico da estrutura laminada a frio, que está sujeita a um carregamento lateral.

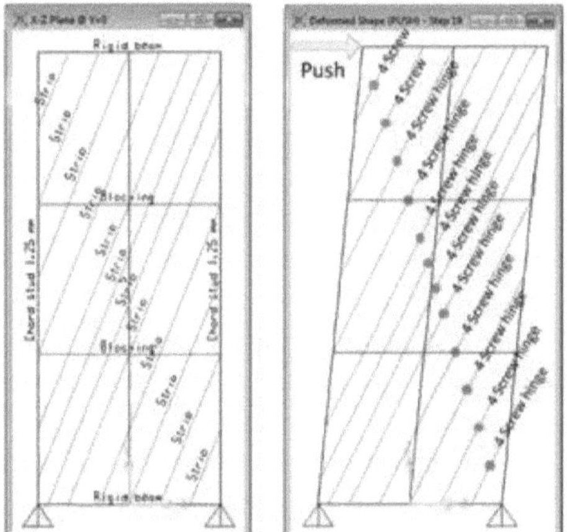

Initial SAP2000 software model and when forming plastic joints in LSF shear wall

Os resultados mais importantes da investigação são:

1)   A utilização de um revestimento de dupla face (de qualquer tipo, como aço, aparas de madeira comprimida e outros) pode aumentar a perda de energia até 70% em comparação com o seu revestimento de uma face para as dimensões das paredes específicas utilizadas nesta investigação. Para atingir este objetivo, a derrota de Golmikh deve ser evitada.

2)   Os provetes falharam devido à ação do rolamento que liga a bainha à estrutura e resultaram numa maior perda de energia do que os provetes que falharam por encurvadura da corda. O segundo tipo de amostras mostrou uma diminuição súbita da resistência após a encurvadura dos pinos do tendão e o seu desvio a 80% de carga após o valor máximo foi inferior ao limite de desvio de 2,5% determinado na norma ASCE7-10.

3)   A utilização de um revestimento de dupla face foi capaz de aumentar a resistência ao cisalhamento e a rigidez elástica das paredes de cisalhamento em 63% e 115%. Estas melhorias são mais significativas quando a falha da fixação da bainha é predominante e a encurvadura da haste do tendão é evitada.

Modelação do comportamento sísmico de paredes de cisalhamento com chapas de aço com pregos, placas de cimento e outros tipos para estruturas CFS - Fathi et al. (2020)

As estruturas ligeiras de aço com estrutura a frio (CFS) são consideradas uma alternativa adequada às estruturas de aço laminadas a quente ou fabricadas como sistema estrutural primário. Recentemente, as CFS e as LSF são utilizadas como sistema de resistência à carga lateral em edifícios de baixa e média altura. Neste estudo, o comportamento sísmico das paredes de CFS foi avaliado através de modelação numérica para investigar os modos de falha, as capacidades de carga, a rigidez inicial, o rácio de ductilidade e o fator de modificação da resposta sísmica. Foram efectuados estudos sobre vários componentes estruturais das paredes de vigas

CFS. Para os elementos de contraventamento, foram considerados diferentes números de pregos intermédios. Além disso, foram investigados os efeitos da adição de obstruções e locais de bloqueio, aumentando o seu número ao longo da altura da parede. No caso dos painéis revestidos, foram estudados vários tipos de materiais de revestimento, incluindo chapas de aço, painéis de cimento e painéis revestidos de cimento. Para além disso, foram estudadas aberturas de cobertura com diferentes configurações. Os resultados do modelo numérico foram verificados com os resultados obtidos num estudo experimental efectuado pelos autores. Os resultados mostraram que a utilização de um revestimento de aço pode aumentar significativamente a capacidade de carga e a dureza inicial. Os modelos com cobertura de placa de cimento em comparação com os modelos com cobertura de aço apresentaram menor instabilidade nos seus elementos de pórtico na carga final em comparação com os seus modelos semelhantes no estado sem abertura da cobertura. De seguida, serão apresentados graficamente alguns dos resultados mais importantes desta investigação.

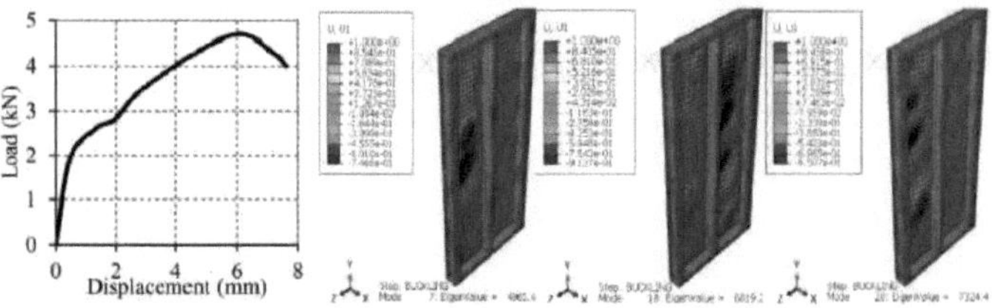

Deslocamento resultante da modelação por software da estrutura CFS e diagrama deslocamento-tempo para o modelo de referência

Nas figuras, S representa a distância das mestras (pinos).

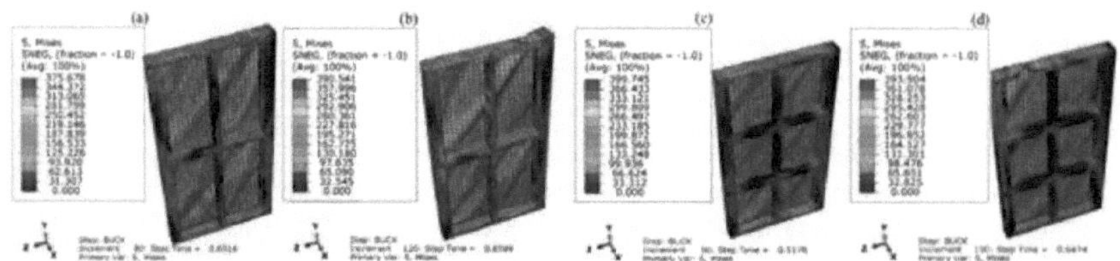

Distribuição de tensões para o modelo de referência em diferentes fases de carregamento em dois modelos de referência de investigação

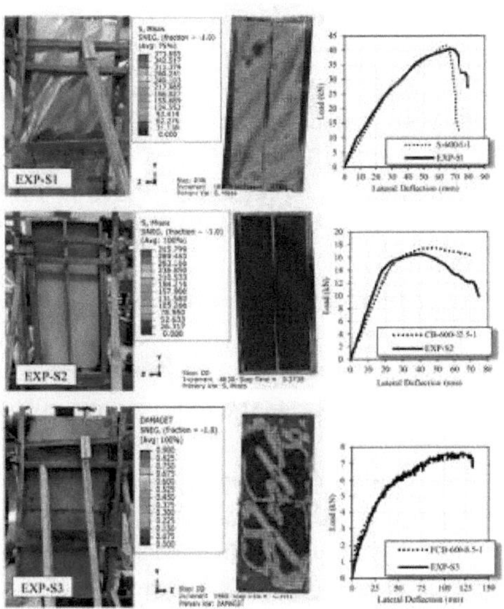

Resultados do modelo numérico e formas de rotura comparados com amostras semelhantes no estudo laboratorial

SI = 100 mm, S2=200 mm e S3=300 mm

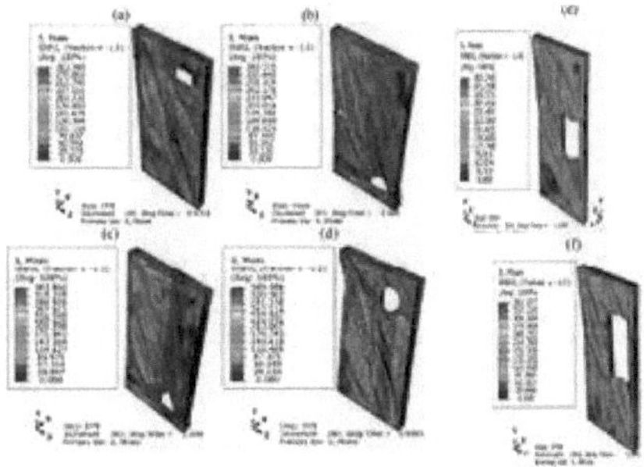

Distribuição de tensões para diferentes modelos projectados

Os resultados mais importantes da investigação são os seguintes:

O aumento da espessura da cobertura, a colocação da cobertura em ambos os lados e a utilização de pernos de dupla face aumentaram significativamente a capacidade de suporte da estrutura CFS. Para além disso, a dificuldade inicial foi aumentada.

A utilização de revestimento conduziu a uma redução significativa da resistência em comparação com o modelo de referência. No entanto, o desempenho melhorou quando se utilizou o revestimento em ambos os lados. Além disso, a deflexão lateral na rotura foi muito mais elevada (até 138%) em comparação com o modelo de referência, aumentando a ductilidade e a capacidade de absorção de energia deste modelo.

A falha da ligação dos parafusos na fase inicial de carregamento levou a uma degradação significativa de todas as caraterísticas de comportamento do modelo revestido a aço. Além disso, conduziu à instabilidade da forma da rotação da placa de madeira da cobertura.

As aberturas de cobertura reduziram significativamente a capacidade da parede. No entanto, a rigidez inicial nas aberturas que simulam aberturas (retângulo de 150 mm x 300 mm e círculo de 300 mm de diâmetro) melhorou a ductilidade do modelo, enquanto que uma ligeira diminuição da resistência em comparação com o modelo de referência criado (até um aumento médio da ductilidade de 67% e uma diminuição média da resistência final de 15%).

Aumentar o tamanho da abertura para acomodar as janelas e portas levou a uma diminuição significativa da resistência da parede. Além disso, criou demasiada distorção na parede, especialmente para o modelo de abertura de porta. Esta questão deve ser considerada ao criar aberturas em reforços de aço ou madeira noutros tipos de estruturas, incluindo estruturas LSF.

Modelação de paredes de cisalhamento revestidas de OSB com aberturas para pórticos CFS sob carga lateral-Kachidi e Lorio (2022)

As aberturas para portas e janelas estão normalmente sempre presentes nos alçados dianteiro e traseiro, onde as paredes de cisalhamento encontram a sua posição ideal para garantir a estabilidade lateral nas estruturas modulares CFS. Estas caraterísticas arquitectónicas traduzem-se numa localização reduzida da resistência à carga lateral em toda a estrutura. Nesta investigação, três tipos de paredes de cisalhamento foram concebidos para transferir força à volta da abertura (FTAO) e foram sujeitos a cargas laterais uniformes (9 ensaios no total). Foi apresentado um protocolo de modelação avançado de análise de elementos finitos (FEA) para simular o comportamento lateral das paredes ensaiadas e para interpretar os ensaios físicos. A avaliação dos resultados dos ensaios numéricos e das experiências confirmou o protocolo de modelação FEA, que demonstrou ser fiável na previsão da resistência e da rigidez, bem como dos modos de rotura das paredes de cisalhamento de pórticos CFS com abertura sob cargas laterais. Foram investigados os efeitos do espaçamento entre bainha e parafuso no CFS, o tamanho e o número de aberturas, bem como a geometria dos painéis revestidos no comportamento lateral das paredes de cisalhamento do pórtico CFS. Além disso, o mapeamento do percurso da carga a partir do protocolo de modelação desenvolvido permitiu a análise das cargas laterais no plano desde a superfície do revestimento até ao parafuso CFS e à superfície do sistema de parede, o que permitiu obter uma visão mais eficiente do dimensionamento lateral da secção da estrutura CFS. Os resultados obtidos demonstraram o carácter conservador das normas AISI S400-15 para paredes de cisalhamento do tipo II. Nas figuras, são apresentadas as especificações da amostra do laboratório de investigação. Nas figuras, é apresentado o protocolo de carregamento das amostras efectuadas em laboratório. De seguida, apresenta-se o esquema das diferentes vistas das aberturas na parede de corte concebida na investigação e o protocolo de carga na amostra de laboratório.

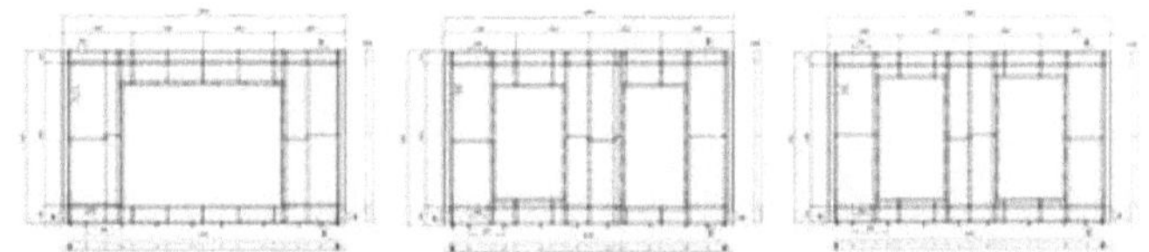

Shear wall configuration in the facade; (a) the front wall of the ground floor, (b) the back wall of the groun floor and (c) the front and back walls of the first floor

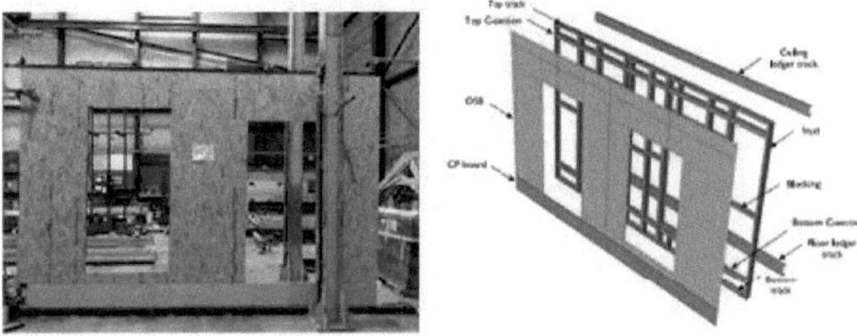

Schematic of LSF shear wall and laboratory sample

Protocolo de carga BS EN 594

Esquema da parede de cisalhamento LSF e da amostra de laboratório

Após a realização de todos os passos no laboratório e a aplicação de cargas nos modelos, foram obtidos os resultados, sendo que alguns dos resultados mais importantes serão apresentados graficamente. A seguir, as formas do contorno de tensão criado na parede de corte CFS (apresentando o contorno de tensão) são apresentadas em três secções avaliadas.

Elemento finito simulado e deformações medidas à carga máxima em GF-FW

31

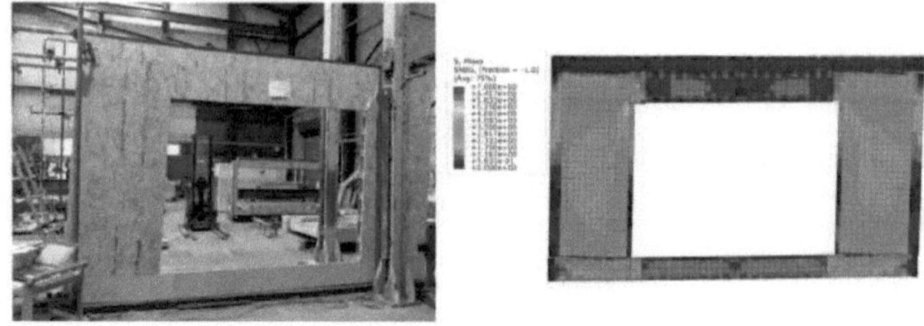

Elemento finito simulado e deformação medida à carga máxima em GF-RW

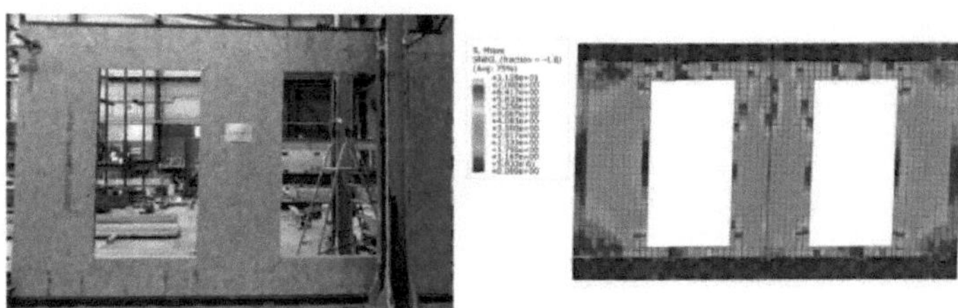

Elemento finito simulado e deformação medida à carga máxima em FF-F&RW

Os resultados de diferentes partes da investigação determinaram que a utilização do sistema de melhoramento OSB na estrutura CFS melhorou o seu desempenho na secção de desempenho sísmico, o que inclui a melhoria de parâmetros como a tensão e o deslocamento do pavimento.

Ensaio de uma parede de cisalhamento CFS com revestimento OSB sob carga cíclica incremental - Liu et al. (2012)

Nesta investigação, foram projectadas paredes de corte para um edifício de 2 andares e foi realizado um ensaio de mesa vibratória à escala real na Universidade de Buffalo. As paredes de corte na construção real têm pormenores diferentes dos das paredes de corte testadas para prever a resistência em normas como a AISI-S213-07, sendo as diferenças: (a) os elementos rectos inteiros (fila de bordos) estão ligados na superfície interior das vigas; (b) as juntas dos painéis OSB, horizontais e verticais, podem não estar alinhadas com as vigas das cordas, (c) a parede interior de gesso está colocada, (d) as vigas do pavimento podem ter uma espessura ou um grau diferente das vigas das cordas, e podem existir outras diferenças. Nesta investigação, estas quatro diferenças aparentes foram investigadas, especificamente numa série de ensaios de paredes de corte carregadas através de protocolos cíclicos (CUREE), para determinar o seu desempenho histerético. Os resultados dos ensaios foram comparados com a norma AISIS213-07 e com as propriedades dos materiais histeréticos utilizando o modelo elástico-plástico (EEEP) e um modelo capaz de mostrar as tensões em laços histeréticos e, finalmente, foram feitas sugestões relativamente à modelação de paredes de cisalhamento. Na figura seguinte, apresenta-se o esquema de realização dos ensaios e o protocolo de carregamento.

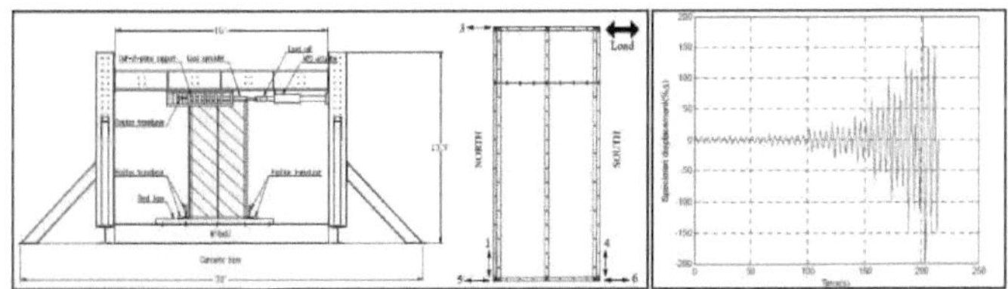

Esquema da realização de experiências e pressupostos de carga na investigação de Liu et al;
(a) Protocolo de carga CUREE com uma frequência cíclica de 0,2 Hz na amostra de laboratório e (b)
pormenores do projeto de uma parede de cisalhamento reforçada com OSB aplicada a uma estrutura de aço
leve

De seguida, são apresentados os resultados das experiências no modelo de laboratório. Na figura seguinte, pode ver-se que a curva de histerese das amostras com diferentes revestimentos, incluindo o revestimento de gesso, é apresentada e os resultados são comparáveis. Em termos gerais, nesta investigação, foram realizados ensaios cíclicos (protocolo CUREE) em paredes de aço com bainhas de OSB com dimensões de 4 pés x 9 pés e 8 pés x 9 pés, onde o mecanismo primário de perda de energia ocorreu na ligação fixador-bainha e incluiu a inclinação e o rolamento do fixador, bem como a tensão e, em alguns casos, a borda foi rasgada. Em geral, o comportamento histérico pareceu ser uma reação extremamente curta. Os modelos de energia equivalente plástico-elástica (EEEP) e Pinching4 foram ajustados aos dados testados.

Desempenho da parede de cisalhamento no ensaio efectuado no âmbito da investigação de Liu et al

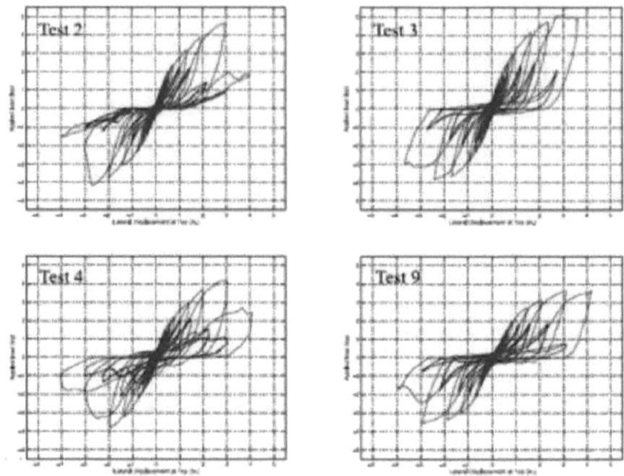

Resposta histerética de paredes de cisalhamento revestidas com OSB (a) com estrutura de aço leve, (b) com revestimento de gesso cartonado, (c) com painel de reforço e (d) com costura cortada na parede de cisalhamento

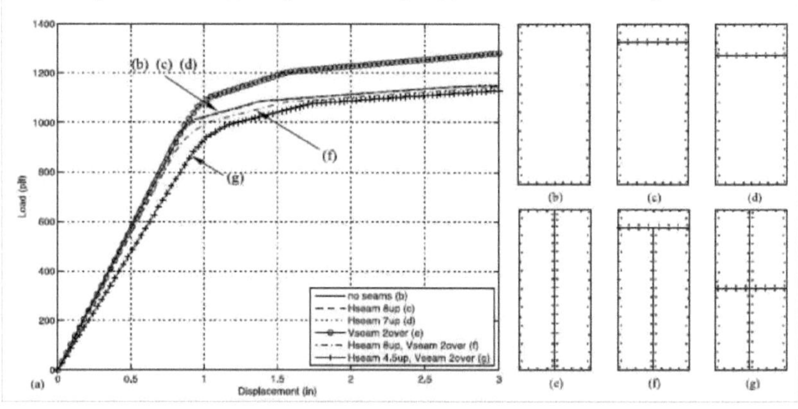

Análise de diferentes padrões de paredes de cisalhamento
e avaliação da comparação de resistência e dureza através da aproximação de molas bilineares

Demonstrou-se que os modelos EEEP só são adequados para a análise estática (não linear) de apoios e que os modelos Pinching4 são capazes de captar toda a resposta histerética, incluindo a degradação, e são recomendados para utilização na análise não linear do historial temporal. Os resultados mostraram que a presença da calha Ledger aumentou a resistência da parede de corte (aproximadamente 10%), mas reduziu moderadamente a perda de energia. O gesso cartonado interno aumenta a rigidez inicial e pode aumentar relativamente a resistência, mas comporta-se de forma semelhante às paredes com uma camada reta e sem revestimento interno de gesso. A utilização de vigas internas espessas com menos espessura do que as vigas diagonais afecta a resistência da parede de cisalhamento, e foram feitas sugestões para

34

determinar a capacidade da parede de cisalhamento e a resistência máxima (para o dimensionamento dos elementos). A presença de juntas de painéis no interior das paredes de cisalhamento reduziu a resistência e aumentou a flexibilidade das paredes de cisalhamento, especialmente no caso de juntas de painéis verticais.

Ensaio de paredes de cisalhamento de CFS reforçadas com revestimento sob cargas horizontais e verticais simultâneas - Lanji e Najoux (2006)

Durante este estudo, as especificações dos materiais de revestimento da parede de corte e o espaçamento dos parafusos (sr) ao longo da borda do painel de corte foram alterados. Foram utilizadas secções em C com dimensões $hxbxcxt_n$ =97x50x8x1,5 mm e tensão de cedência f_y=320 N/mm^2 como pinos. O ensaio foi efectuado de modo a que, durante 120 segundos, as paredes de corte fossem sujeitas a uma carga de 40% da carga total de rotura. Esta tensão foi mantida durante 30 segundos e depois a parede de corte foi novamente descarregada. Após uma pausa de 120 segundos, a carga aumentou ao mesmo ritmo que Hu. A placa de madeira utilizada no melhoramento da parede de corte tem as seguintes caraterísticas:

O painel de partículas de acordo com a norma DIN 68763 V100-13 mm foi preparado a partir da empresa Kuntz com um painel adesivo de poliuretano.

Foi utilizada a placa de fibra de gesso Fermacell 0.G.05 da Fels Company com uma espessura de 12,5 mm.

A placa de fibrocimento Eterplan N foi preparada a partir da empresa Eternit com uma espessura de 8 mm.

A chapa trapezoidal do tipo 172.8 com uma espessura de 0,88 mm foi preparada pela empresa EKO Stahl. Na construção da estrutura de madeira, utilizam-se principalmente placas de aglomerado e de fibra de gesso. A placa de fibrocimento tem a maior resistência entre os revestimentos oferecidos. De acordo com a norma DIN 18807, é possível que os perfis de aço a frio com chapas trapezoidais transfiram as cargas que actuam como diafragmas no seu plano. Os provetes com chapas trapezoidais e placas de fibra de gesso foram utilizados principalmente para provar que a teoria dos pórticos também é válida para resolver o problema investigado neste projeto. O colapso das paredes de cisalhamento com revestimento não metálico foi iniciado pela fissuração da borda sob tensão na secção de retenção, como mostra a figura abaixo.

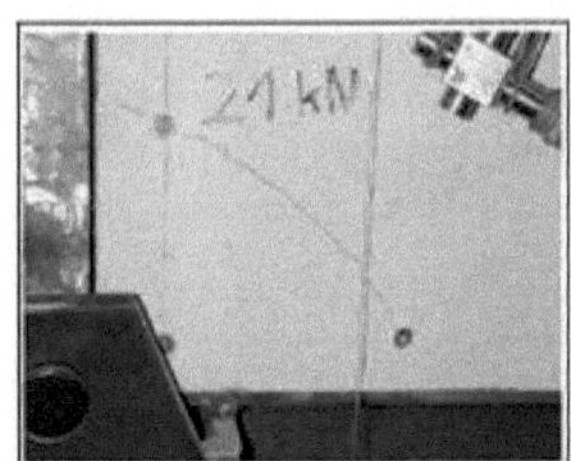
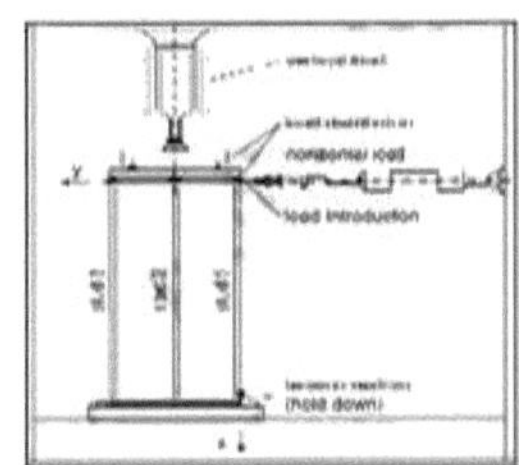

Esquema do dispositivo para testar paredes sob carga horizontal e vertical e fissuras nos bordos do suporte

Em seguida, os parafusos começaram a inclinar-se na direção da tensão de corte correspondente. Os parafusos fixam-se na bainha. Existem 3 modelos de colapso que devem ser observados quando a carga de rotura é atingida:

4) Fratura dos bordos do invólucro na zona retida e saliência dos parafusos através da imersão do invólucro na parte inferior do perno de compressão, como mostra a figura abaixo.

5) Encurvadura local da secção de aço laminado a frio na parte inferior do pino de compressão, como mostra a figura abaixo.

6) Encurvadura local de uma chapa trapezoidal utilizando tensão de corte.

Fissuração do bordo (em tração) e encurvadura do perfil laminado a frio na parte inferior do perno de compressão As curvas carga-deslocamento medidas para três tipos de revestimento diferentes são também representadas. Para além do deslocamento k_v e da carga horizontal, foram também medidos dois outros itens, o deslocamento relativo do revestimento em relação à subestrutura e a distribuição normal da força ao longo da altura dos pernos. Para além dos materiais de revestimento, foi também investigado o comportamento estrutural. A fundação da parede de corte, que consiste em vigas, o perfil do pavimento e a cobertura, sob a carga horizontal, foi deformada paralelamente aos lados. Como mostra a figura abaixo, a cobertura roda no seu plano como um plano quase rígido.

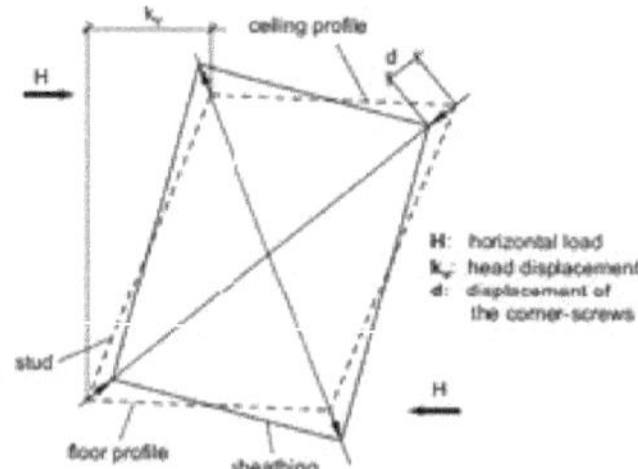

Esquema da deflexão da parede sob carga horizontal em experiências

De seguida, serão apresentados alguns resultados de análises laboratoriais sob a forma de imagens

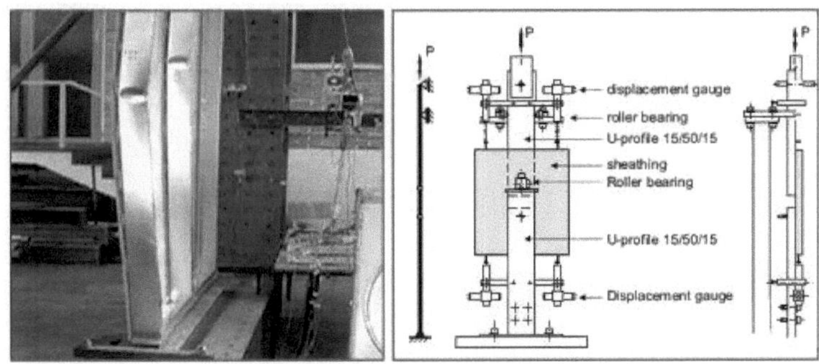

Esquema do dispositivo para a realização de ensaios de ligações sob carga cíclica e de rutura de de paredes de cisalhamento de revestimento unidirecional sob cargas verticais

Nesta investigação, ao contrário das análises usuais para paredes de cisalhamento em estruturas reforçadas com madeira, este método foi realizado com base no movimento permitido dos parafusos de canto na borda das linhas da parede de cisalhamento. Considerando o comportamento estabilizador do revestimento, é introduzido um modelo computacional para verificar a estabilização das mestras de secção C sob pressão nos modelos. Os resultados da investigação mostraram que as secções laminadas a frio revestidas com espessuras de chapa até 2,5 mm são devidamente estabilizadas com os revestimentos pretendidos. As secções devem ser estabilizadas apenas no que diz respeito à encurvadura transversal em relação à direção do plano da parede. Com secções de parede espessas (42,5 mm) ou materiais de revestimento flexíveis (por exemplo, placas de gesso cartonado), é necessário determinar se os fixadores são capazes de resistir à deflexão.

CAPÍTULO 4

Parede de corte com diafragma não metálico em LSF Estrutura

Modelação de paredes de corte de madeira numa estrutura LSF de um piso sob carga adicional em termos do comportamento não linear dos parafusos de ligação da cobertura - Akhgar et al. (2014)

Nesta investigação, as paredes de corte de madeira em estruturas de aço leve com ligações aparafusadas automáticas são modeladas no software de elementos finitos Abaqus e o seu comportamento é investigado sob carga lateral. Nesta modelação, é utilizado o critério de dano de Hashin para definir os materiais de madeira. As ligações são definidas por interfaces translacionais e rotacionais com seis graus de liberdade, comportamento não linear e resistência final definida. Os resultados da análise de carga dos modelos foram comparados com os resultados de laboratório, tendo sido confirmada a correção do comportamento dos materiais de madeira e das ligações, bem como os valores da força e do deslocamento lateral da parede em diferentes fases de carga. Depois disso, foram efectuados estudos paramétricos para considerar o efeito da espessura do revestimento e da distância de ligação no comportamento força-deslocamento da parede. Os resultados mostraram que a utilização do sistema de parede de cisalhamento de madeira aumentou a rigidez da estrutura LSF em grande medida e os parâmetros sísmicos foram melhorados.

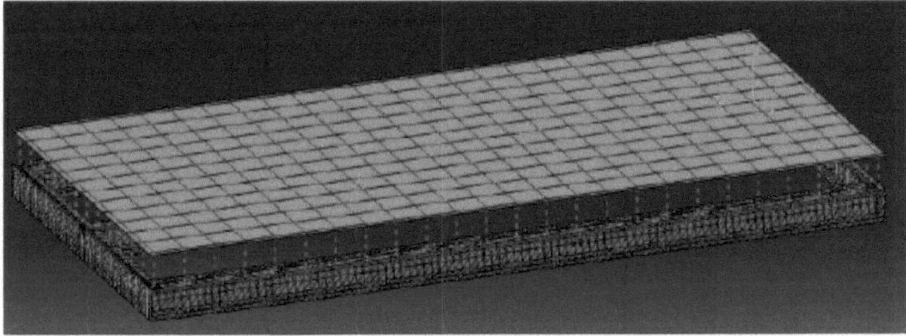

Exemplo de elemento de malha no software Abaqus na investigação de Akhgar et al.

O comportamento não linear das juntas foi obtido com base no diagrama da figura seguinte e aplicado na modelação do pórtico.

O aço utilizado na modelação tem uma tensão de cedência de 230 MPa, uma tensão final de 344 MPa, um módulo de Young de 203 MPa e um coeficiente de Poisson de 0,3. Os pilares estão separados por 610 mm e os pilares laterais estão em pares, costas com costas. O material de madeira do revestimento é isotrópico e foi utilizado o critério de dano de Hashin para modelar o material. O revestimento da parede é do tipo OSB com uma espessura de 11 mm e fabricado no Irão. Este tipo de madeira tem um coeficiente de Poisson de 0,23.

Neste estudo, foram modelados 5 pórticos dos modelos laboratoriais de Rogers e colegas e os resultados da análise numérica e laboratorial foram validados. A estrutura avaliada e o resultado da validação são apresentados nas figuras abaixo.

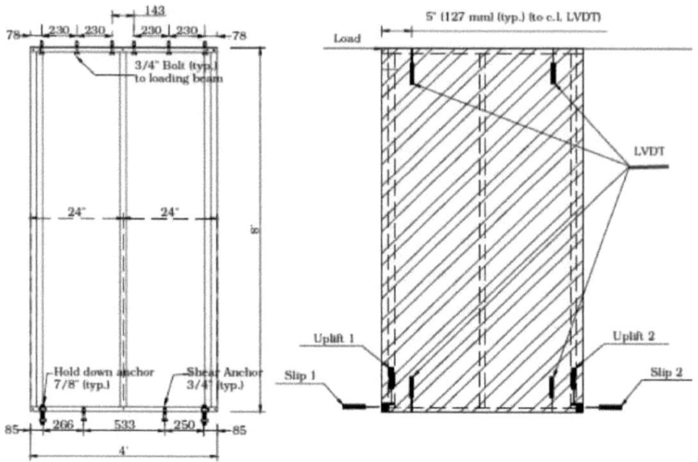

Amostra de quadro modelado para validação na investigação de Akhgar et al

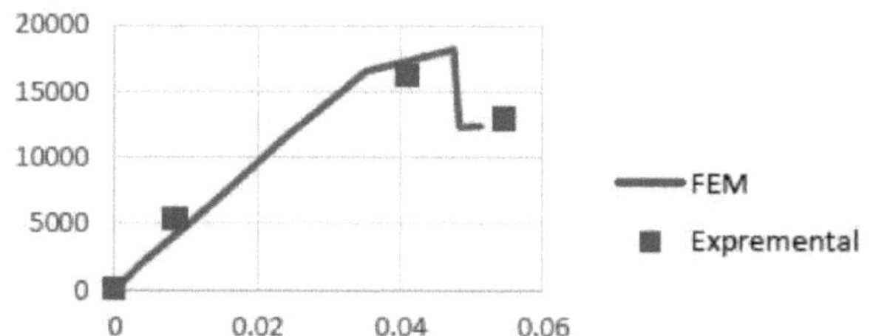

O diagrama de sobrecarga do quadro examinado na validação da investigação de Akhgar et aL

In discussing the effect of thickness on frame strength, the results were presented in

the figure below.

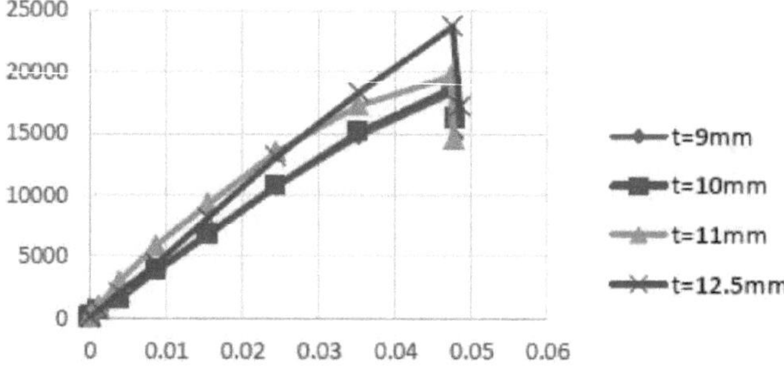

O efeito da espessura da folha de cobertura na resistência da estrutura

40

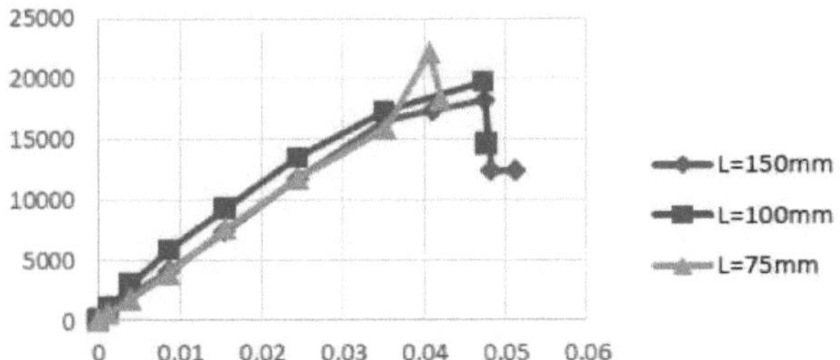

A influência do espaçamento dos parafusos de borda na resistência da estrutura

Os resultados da investigação mostraram que a espessura do revestimento terá um efeito significativo na resistência final dos painéis de parede de cisalhamento. Ao aumentar a espessura de 10 para 12,5 mm, a resistência final aumentou em 27%. Além disso, a distância do parafuso de borda tem um efeito sobre a resistência final e o deslocamento, como nos painéis de parede de cisalhamento de madeira. Assim, ao reduzir a distância dos parafusos de ligação de 150 para 75 mm, a resistência final da parede aumentou em 21%.

Amortecedores adequados para paredes de corte CFS

42

Avaliação experimental e paramétrica da parede de cisalhamento combinada de aço e madeira - Sui et al. (2020)

Devido aos benefícios ambientais e ao desempenho estrutural satisfatório dos materiais de madeira, estão a ser realizados recentemente muitos estudos sobre as soluções de utilização da madeira em edifícios de média e mesmo alta altura. Entre estas soluções, a parede de cisalhamento híbrida de aço e madeira (STHSW) é um dos sistemas de resistência lateral adequados e práticos. No entanto, a aplicação deste sistema é limitada devido à sua capacidade inadequada contra sismos. Por conseguinte, Sui et al., numa investigação, acrescentaram e propuseram um novo sistema denominado (SC)-STHSW através da introdução de uma nova tecnologia de pós-tensão (PT) no atual sistema STHSW. Nesta investigação, o ensaio de carga cíclica da amostra proposta foi efectuado em dimensões reais no laboratório. Foi provado que o novo sistema tem uma capacidade satisfatória e um consumo de energia adequado. No Norma Fazar OpenSees, foi desenvolvido um modelo numérico e foi confirmado pelos resultados dos ensaios que este modelo foi utilizado na análise paramétrica. A capacidade do sistema, o desempenho da dissipação de energia e a potência final foram avaliados sob vários parâmetros. Os parâmetros incluem o rácio de tensão inicial (PT), o valor relativo da força ativa do amortecedor, a resistência da parede de corte de madeira, a altura da secção transversal da viga e a resistência da parede de corte de madeira. A relação entre a dureza da parede e o pórtico lateral também foi tida em conta. No total, foram analisados os efeitos de cada parâmetro em três partes funcionais diferentes do sistema. Com base nos resultados das experiências e na modelação do software, foi proposto um parâmetro de projeto baseado nos parâmetros do sistema (SC)-STHSW.

As caraterísticas da amostra de laboratório e os pressupostos da experiência são os seguintes

Estrutura de aço pós-tensionada (PT) do tipo H340x250x9x14 (os números representam a altura, a largura e a espessura da ligação e a espessura da asa no elemento) e os pilares e as vigas são do tipo H300x300x10x15. O aço é Q235B (aço estrutural com uma resistência à tração de 400 MPa) e está em conformidade com a norma chinesa GB-50017. Em ambos os lados da ligação da viga de aço, duas ligações de alta resistência foram passadas através de orifícios pré-fabricados. Estas foram fixadas nos pilares após o processo de pós-tensão. Cada uma das quatro ligações tinha um diâmetro de 15,2 mm e uma tensão de cedência de 1674 MPa. A tensão inicial foi considerada igual a 30% da tensão de cedência de projeto. Multiplicando a tensão inicial pela área total da secção transversal das quatro ligações (560 mm quadrados), obteve-se a força inicial de PT igual a 280 kN. A parede de corte de madeira ligeira era constituída por um pórtico de madeira e quatro painéis revestidos com OSB, com uma espessura de 9,5 mm. O painel foi ligado a outros elementos do pórtico através de pregos com um comprimento de 82,5 mm e uma secção transversal de 3,3 mm.

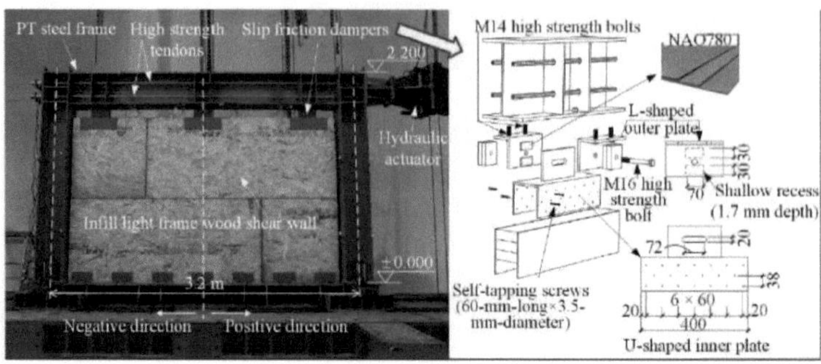

Detalhes do amortecedor de fricção deslizante e da amostra de laboratório na investigação de Sui et aL

Foram utilizados três amortecedores de fricção deslizantes nas experiências. Cada um deles era composto por uma placa interior (em forma de U), duas placas exteriores (em forma de L) e quatro superfícies de fricção, tendo sido utilizado aço Q235 nas suas placas interiores e exteriores. Para criar atrito, foram utilizados materiais naturais, sem amianto, denominados NAO780. O valor do binário de rigidez para o amortecedor foi determinado como sendo de 140 Nm. Além disso, a força de ativação de cada amortecedor foi de 15 quilonewtons. O comprimento da folga na placa interior durante o ensaio foi determinado em 72 mm, o que equivaleu a 1,6% do desvio entre pisos. De seguida, apresentam-se as imagens dos pormenores do amortecedor e da amostra de laboratório

fornecido. O protocolo de carregamento de amostras de laboratório é apresentado na figura seguinte.

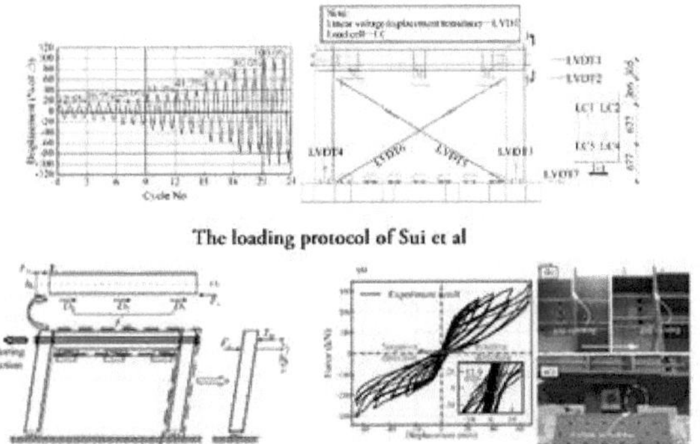

The loading protocol of Sui et al

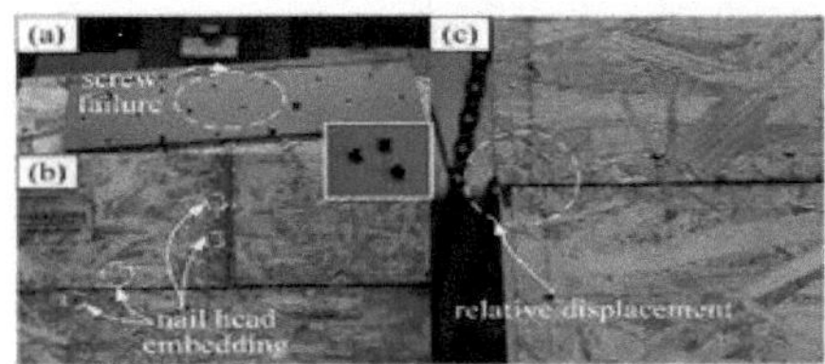

Hysteresis curve and the conditions created in the damper and the laboratory sample and the structure of the
proposed damper during the test

The failure modes include screw failure in the connection, the condition of the connecting nails and the relative
displacement of the panels in the research of Sui et al

**Curva de histerese e condições criadas no amortecedor e na amostra de laboratório e a estrutura do
amortecedor proposto durante o ensaio**
**Os modos de falha incluem a falha dos parafusos na ligação, o estado dos pregos de ligação e o
deslocamento relativo
dos painéis na investigação de Sui et al**

No final, concluiu-se que o aumento do rácio de tensão inicial PT tem um grande efeito no aumento da capacidade final e da potência do sistema SC-STHSW, mas aumenta ligeiramente o consumo de energia do sistema. Além disso, sugere-se um valor inferior ao rácio de tensão inicial de 0,24 para garantir a máxima eficácia das juntas (tendões) com elevada resistência na redução da deriva. Além disso, um rácio superior a 0,4 não é recomendado devido à flexibilidade das juntas de alta resistência. Outra conquista é o valor mínimo do rácio recomendado do índice do amortecedor para a parede de corte de madeira leve, que é sugerido como 0,5, se apenas for desejada a perda de energia.

**Um método prático para otimizar a conceção sísmica de amortecedores de parede
de cisalhamento baseados em fricção-Nebid et al. (2017)**

Nesta investigação, é desenvolvido um método prático de conceção para uma conceção mais eficiente de amortecedores de parede baseados em fricção, através da realização de análises dinâmicas não lineares extensivas em estruturas de betão armado de 3, 5, 10, 15 e 20 andares expostas a sete sismos e a cinco padrões diferentes de distribuição consistente de cargas de deslizamento. Os resultados mostraram que a distribuição cumulativa uniforme pode proporcionar uma capacidade de dissipação de energia muito mais elevada do que o padrão de carga de deslizamento uniforme comum. Foi também provado que, para um conjunto de sismos de projeto, existe uma gama óptima de cargas de deslizamento que é uma função do número de pisos. Com base nos resultados deste estudo, é proposta uma equação empírica para calcular a distribuição mais eficiente da carga de deslizamento de amortecedores de parede baseados em fricção para aplicações práticas. A eficácia do método proposto é demonstrada através de vários exemplos de projeto.

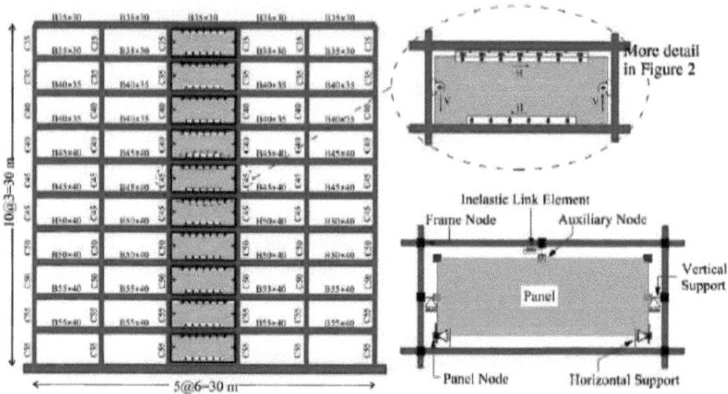

Esquema dos pórticos RC de referência e modelo analítico dos amortecedores de parede baseados em fricção no estudo de Nabid et

al

O amortecedor de parede por fricção utilizado nesta investigação inclui um painel de betão estrutural que é ligado à estrutura através de dois suportes verticais nos lados, uma ligação horizontal na parte inferior e um dispositivo de fricção na parte superior. De seguida, apresenta-se a imagem de pormenor do painel de fricção proposto. O suporte vertical para o painel de betão é fornecido por ligações painel-pilar com ranhuras horizontais que impedem a transferência de forças de corte para os pilares. O painel é ligado ao piso inferior por juntas horizontais fixas com fendas verticais para evitar a transferência de forças de corte para as vigas. Esta disposição assegura que o deslocamento do dispositivo de atrito no topo do painel é igual ao desvio entre pisos em cada piso. O amortecedor de fricção proposto é uma simples ligação aparafusada entre o painel e a estrutura, consistindo em duas placas de aço aparafusadas ao topo do painel (placas exteriores) que estão ligadas a uma placa de aço inoxidável com ranhuras fixada à viga superior (placa central). . O mecanismo de fricção é conseguido através da fricção entre a placa central de aço inoxidável e as duas placas de latão. Testes experimentais exaustivos efectuados por Grigorian et al.
(1993) demonstraram um comportamento histerético fiável deste tipo de dispositivo de atrito sob deslocamentos sinusoidais e sísmicos simulados.
Na investigação, foi utilizada a seguinte relação para avaliar e comparar o rácio de carga de deslizamento (FSR):

Na relação acima, n é o número de pisos, F_s д é a força de deslizamento no i-ésimo piso, $F_{уд}$ é a resistência ao corte do i-ésimo piso. Após a realização da investigação, foram obtidos resultados que serão avaliados. O diagrama da deriva máxima do piso é apresentado na figura seguinte.

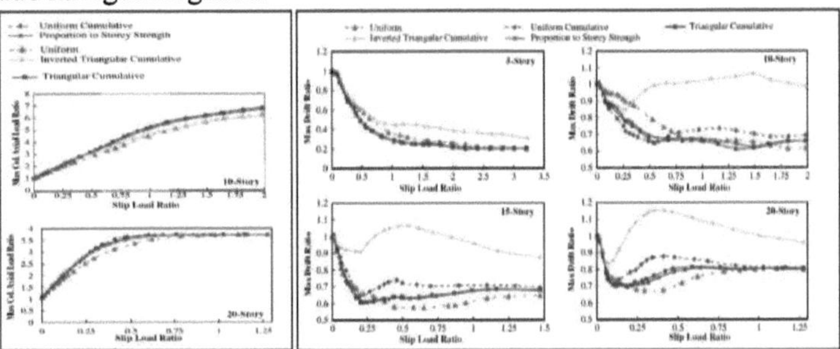

A deriva máxima entre pisos para diferentes pórticos com a ajuda de diferentes distribuições de carga de deslizamento e
a força axial dos pilares sob a média de seis sismos aplicados na investigação de Nabid et al.

Os resultados da investigação mostraram que a distribuição uniforme da carga de deslizamento acumulada é o padrão mais eficaz em termos de aumento da capacidade de consumo de energia dos amortecedores de parede baseados em fricção. Os resultados de vários indicadores investigados na investigação, tais como a precisão dos pisos, a força axial dos pilares e os indicadores de danos dos pisos, mostraram que, com o aumento do número de pisos, a gama óptima de cargas de deslizamento diminui exponencialmente. Além disso, com base nos resultados desta investigação, foi proposta uma equação empírica para calcular uma distribuição de cargas de deslizamento mais eficiente para o reforço e o projeto sísmico de estruturas RC com diferentes números de pisos. Foi demonstrado que os sistemas de paredes de fricção projectados com base na equação proposta, em comparação com os sistemas convencionais com distribuição uniforme da carga de deslizamento, conduzem a menores deslocamentos (até 30%) e a maiores capacidades de dissipação de energia (até 61%). Foi também demonstrado que os amortecedores de parede de atrito projectados com a equação proposta podem reduzir significativamente o deslocamento do pórtico simples sem aumentar o corte de base. Embora os amortecedores de parede de atrito imponham cargas axiais adicionais nos pilares adjacentes, verificou-se que, utilizando o método de dimensionamento proposto, as cargas axiais permanecem geralmente dentro da capacidade das secções dos pilares. No entanto, se forem adicionados painéis ao pórtico simples (como medida de reabilitação), as cargas axiais máximas podem exceder em muito a capacidade máxima dos pilares.

Os resultados da análise dinâmica incremental não linear mostraram que os amortecedores de fricção projectados com a equação empírica proposta podem reduzir o índice global de danos dos pórticos RC com amortecedores convencionais em 43%. Enquanto a eficiência dos amortecedores de parede diminui significativamente com a distribuição uniforme da carga de deslizamento nas superfícies com maior intensidade sísmica.

Redução da resposta sísmica de estruturas de paredes de cisalhamento utilizando amortecedores incorporados - Thambiratnam e Perera (2006)

Nesta investigação, a rigidez da secção de corte na parede de corte é substituída pela rigidez e pelo amortecimento do dispositivo pretendido. O método dos elementos finitos foi utilizado para modelar, analisar e investigar os efeitos de três tipos de dispositivos de amortecimento da resposta sísmica de estruturas de paredes de cisalhamento modeladas com o software Abaqus. Em ligação com este programa, o MSC/PATRAN 2003 foi utilizado como pré-processador para gerar a geometria, a malha dos elementos, as condições de fronteira e as condições de carga e como pós-processador para visualizar os resultados da análise. Foi escolhido um tipo de análise dinâmica que recolhe as matrizes de massa, rigidez e amortecimento e resolve as equações de equilíbrio dinâmico em cada momento. A resposta da estrutura foi obtida para os passos de tempo selecionados do mapeamento da aceleração do sismo que se aproxima. O método dinâmico implícito no Abaqus/Standard foi utilizado para a integração temporal. Para avaliar a eficácia dos sistemas de amortecimento, as acelerações e deslocamentos máximos a um nível elevado foram obtidos a partir de análises de histórico temporal e comparados com estruturas sem amortecedores. A modelação dos amortecedores de fricção está na gama não linear e a investigação centra-se no desenvolvimento de um modelo que mostre o comportamento real dos amortecedores de fricção. Isto foi optimizado através da modelação do contacto de atrito entre dois tubos que deslizam um dentro do outro. Uma versão alargada do modelo clássico de fricção isotrópica de Coulomb é fornecida no software para utilização em todas as análises de contacto. Além disso, as dimensões das paredes de cisalhamento são 96 metros de altura, 15 metros de largura e 0,5 metros de espessura. Foram considerados 5 sistemas de amortecimento diferentes, nomeadamente amortecedores de fricção diagonais, amortecedores viscoelásticos, amortecedores de fricção horizontais, amortecedores viscoelásticos horizontais e um sistema híbrido constituído por um amortecedor de fricção horizontal e um amortecedor viscoelástico diagonal, como se mostra na figura seguinte.

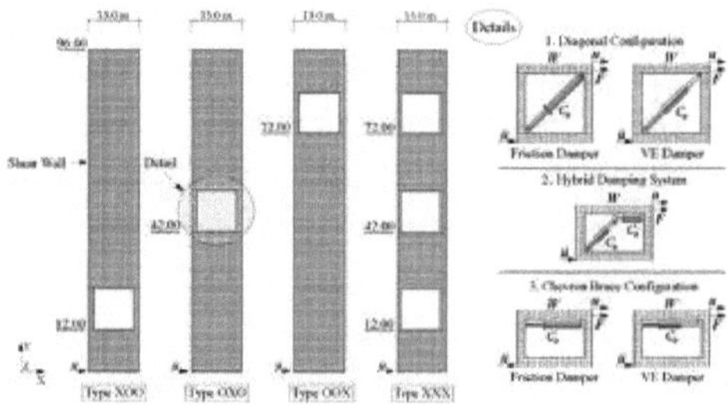

A investigação de Perera

A primeira frequência natural da parede de cisalhamento sem amortecedor foi de 0,518 Hz e a primeira frequência natural das paredes de cisalhamento com amortecedor situou-se entre 0,531 Hz e 0,743 Hz. Para as paredes de corte, foram consideradas as propriedades dos materiais de betão com resistência à compressão de 32 MPa, módulo de Young de 30000 MPa, coeficiente de Poisson de 0,2 e densidade de 2500 kg/m3 e sem amortecimento interno para o betão, uma vez que, em comparação com o amortecimento adicionado pelos dispositivos de amortecimento, se assume que este é muito pequeno e é ignorado. Os amortecedores de fricção e os componentes dos amortecedores de fricção híbridos foram modelados utilizando aço estrutural com coeficiente de Poisson de 0,3 e densidade de 7700 kg/m3. De seguida, apresentam-se as imagens dos amortecedores utilizados na investigação e os seus pormenores

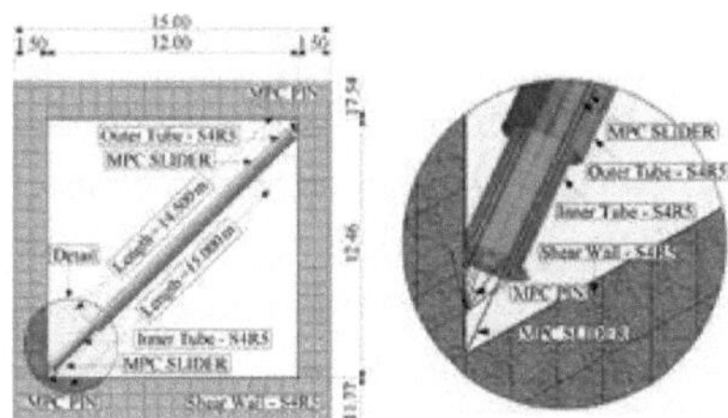

Pormenores estruturais dos amortecedores de fricção - configuração diagonal

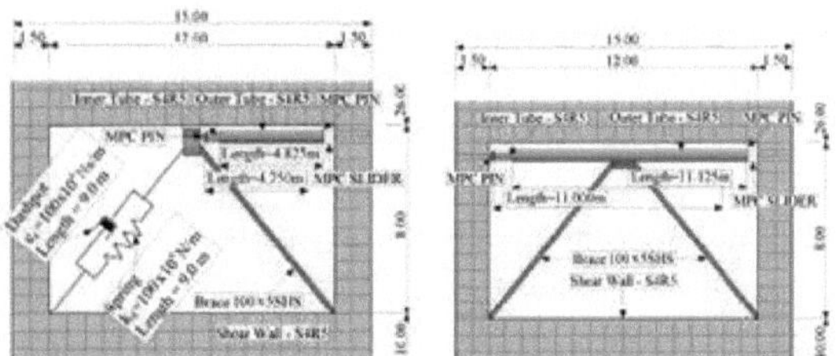

Pormenores estruturais do sistema de amortecimento híbrido e Pormenores estruturais do amortecedor de fricção -
Configuração de braçadeira Chevron

Para efetuar a análise dinâmica, foram aplicados aos modelos os sismos de Centro, Hachinohe, Kobe, Northridge e Fernando. De seguida, apresentam-se os resultados da análise dinâmica não-linear de paredes de corte.

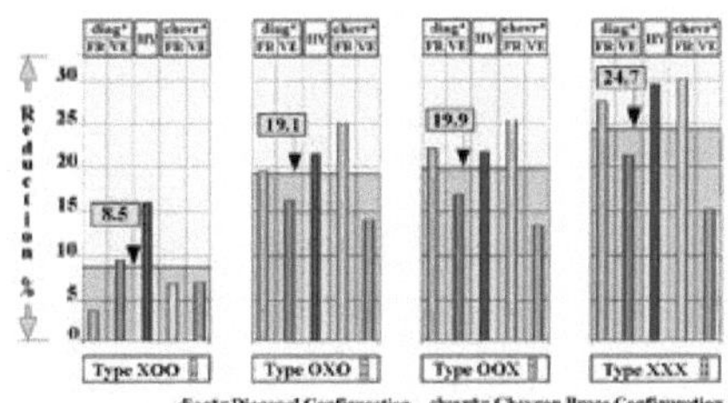

Redução média da deflexão (em cada cinco sismos) para diferentes localizações dos amortecedores

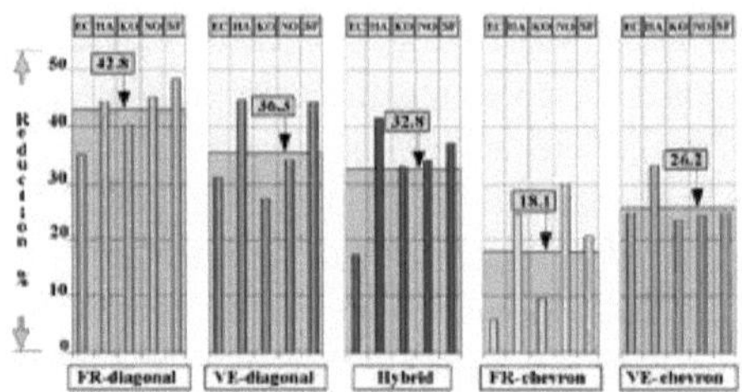

Redução média da aceleração para os cinco tipos de sistemas de amortecimento

Os resultados da investigação confirmaram que é possível obter uma redução significativa da aceleração e da deformação da estrutura com os três tipos de amortecedores em todas as configurações e em todos os locais. No entanto, as respostas sísmicas com diferentes conteúdos de frequência e duração do movimento produziram uma vasta gama de resultados e caraterísticas de desempenho. Em termos de redução da deflexão da cobertura, o melhor desempenho foi observado quando os amortecedores foram colocados no nível superior, enquanto a maior redução nos valores de aceleração máxima da cobertura foi obtida quando os amortecedores foram colocados no nível inferior. Os amortecedores viscoelásticos tiveram melhor desempenho do que os amortecedores de fricção nas partes inferior e média da estrutura, enquanto os amortecedores de fricção tiveram melhor desempenho nas partes superiores da estrutura e em toda a estrutura. Os amortecedores híbridos tiveram geralmente o desempenho mais eficiente e estável. Nesta investigação concetual, as frequências naturais da maioria dos modelos estruturais situavam-se na gama de frequências dos modos sísmicos dominantes. Por conseguinte, na maioria dos casos, esta investigação encontrou vibrações estruturais durante o movimento e mostrou a possibilidade de reduzir a resposta sísmica das estruturas através de sistemas de amortecimento incorporados adequados. Os resultados da investigação podem ser utilizados tanto em novos projectos como na reabilitação de estruturas existentes, se for possível efetuar cortes em vários pisos.

Parede de cisalhamento em estrutura LSF

Modelação do comportamento sísmico de estruturas LSF de dois andares com parede de cisalhamento com painel de reforço sob carga estática não linear-Ali Mohammadi e Lotf Elahi (2012)

Nesta investigação, foi modelado e analisado um grande número de painéis de cisalhamento bidimensionais como alternativa a um sistema de suporte de carga lateral de 6 metros de altura concebido como 2 pisos com caraterísticas semelhantes. A modelação foi efectuada no software SAP2000 e os resultados analíticos foram comparados para diferentes painéis de corte. Os resultados mostram o comportamento favorável e maleável e o desempenho estrutural adequado deste tipo de estruturas com paredes de corte em aço laminado a frio. O pórtico modelado no estudo é apresentado na figura seguinte

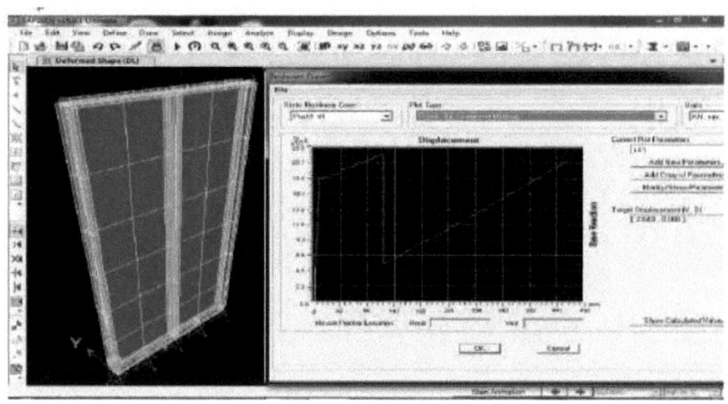

A estrutura modelada no software, juntamente com a saída da curva Posh Avar, resulta na investigação de Ali Mohammadi e Lotf Elahi

A estrutura modelada é verificada pelo estudo de Yu et al. A estrutura estudada tem 1 vão com 163 metros de vãos e 1611 metros de altura com um prolongamento paralelo no meio, que tem ligações em viga e apoio lateral em rolo na ligação dos vãos à viga subserial. De seguida, serão apresentados os resultados obtidos no estudo.

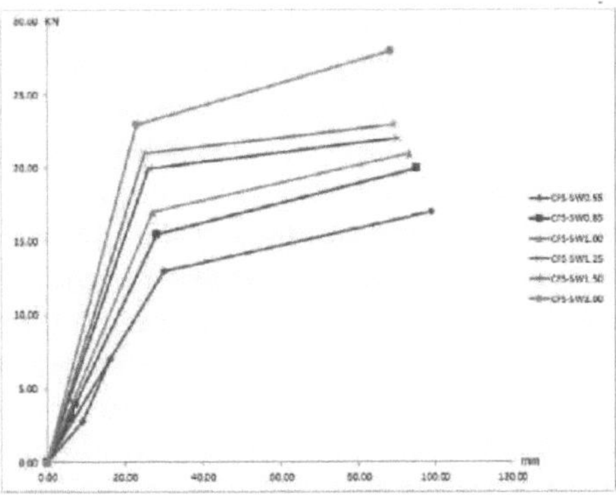

Diagramas de cisalhamento de amostras de deslocamento de base de pórticos de cisalhamento com parede de cisalhamento de aço CFS na investigação de Ali
Mohammadi e Lotf Elahi

Ao avaliar os resultados, foi feita a seguinte síntese:

De acordo com a definição, a relação entre o deslocamento máximo e o deslocamento de rendimento, a ductilidade do sistema, a relação entre a carga máxima e a carga de rendimento também é chamada de resistência excessiva e a área sob a curva de suporte de carga-deslocamento de absorção de energia, com base nas médias realizadas de acordo com as realizações O estudo e gráficos relacionados, com o aumento da espessura da parede de cisalhamento de aço laminado a frio, em média, a ductilidade é 3161, a dureza é 161, a carga final é 3.63, a absorção de energia é de 3111631, a resistência extra é de 3613 e o preço é de 161 riais, o que indica o desempenho desejado. A utilização deste tipo de sistema de apoio lateral resistente baseia-se em questões económicas e em considerações no projeto.

Os resultados das análises numéricas das paredes de corte de aço com diferentes espessuras mostraram que, para aumentar a espessura do revestimento, considerando que a relação entre o comprimento e a altura do pórtico era de 1 nesta investigação, a resistência nominal ao corte aumentou e também de acordo com os resultados da análise, é claro que este tipo de paredes de corte tem uma ductilidade elevada e a resistência extra das amostras foi de 363 em média, o que mostrou as caraterísticas sísmicas favoráveis deste sistema. Além disso, os resultados da análise numérica deste tipo de sistema de suporte lateral resistente com diferentes espessuras mostraram que, ao aumentar a espessura das paredes, a dureza e a resistência do painel aumentam geralmente.

De acordo com os resultados apresentados, o desempenho do sistema de paredes de cisalhamento em aço laminado a frio em espessuras de cerca de metade ou dois terços da espessura das mestras e dos trilhos é recomendado neste tipo de estruturas, e o painel mostrou um comportamento dúctil com óptima absorção de energia. De acordo com o quadro 3-3 das normas para a conceção e execução de estruturas leves de aço laminado a frio, para as paredes de aço laminado a frio, o fator de comportamento é de 1 e o fator de aumento da resistência é de 1 (com uma altura máxima da estrutura de 31 metros) em todas as zonas sísmicas do país e também no caso das paredes O aço laminado a frio, que é coberto com chapas de aço, tem um fator de comportamento de 16 e um fator de aumento da resistência de 1 (com uma altura máxima da estrutura de 31 metros) em todas as zonas sísmicas do país, o que confirma o bom desempenho deste tipo de estruturas estruturas curtas e médias).

Modelação da resistência e do deslocamento lateral de painéis de parede de corte em estruturas LSF de um piso sob carga adicional -Hatami e Rahmani (2019)

Nesta investigação, a resistência e o deslocamento lateral dos painéis de parede de cisalhamento foram determinados pelo método numérico de elementos finitos, tendo em conta o comportamento não linear causado por grandes deformações. Os painéis de parede de cisalhamento foram modelados e analisados sob carga crescente com o software de elementos finitos Ansys. Para verificar a exatidão e a precisão dos resultados, a resistência e o deslocamento último de várias amostras de paredes de cisalhamento foram comparados com os valores correspondentes obtidos nos estudos laboratoriais de outros investigadores. Depois de confirmar a eficácia do modelo de elementos finitos, avaliou-se o efeito de vários parâmetros da parede de cisalhamento, incluindo as propriedades da estrutura de aço e a ligação entre as duas, no comportamento lateral da parede. Nas figuras seguintes, apresenta-se a modelação por elementos finitos e os resultados desta investigação.

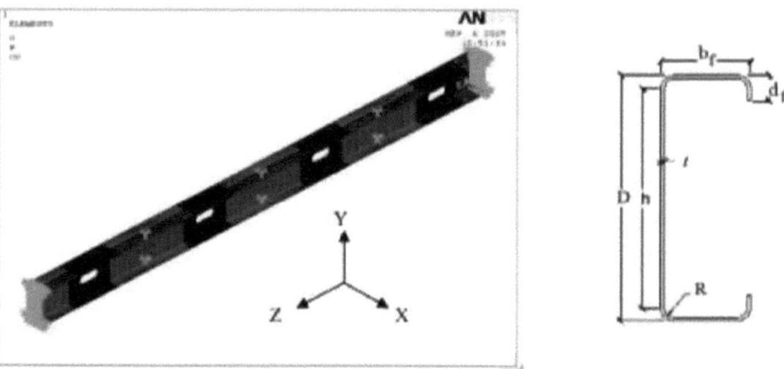

Esquema das secções e modelo de elementos finitos do pilar perfurado no estudo de Hatami e Rahmani

Hatami e Rahmani

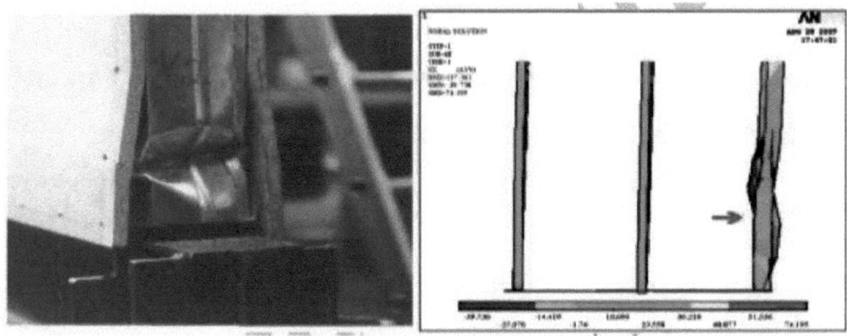

Comparação do modo de encurvadura local na amostra de laboratório e o modelo de elementos finitos na investigação de Hatami e Rahmani

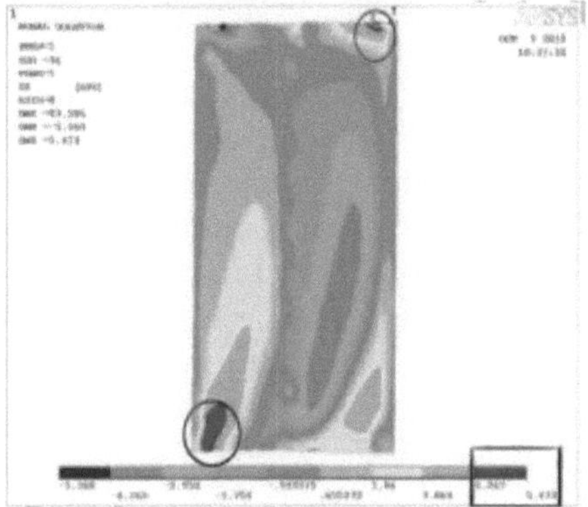

Stress distribution on the surface of the shear wall coating under the effect of lateral load in the research of

Hatami e Rahmani

Os resultados mostraram que a espessura dos elementos de pórtico tem um grande efeito na resistência lateral e no mecanismo de rotura do sistema, de tal forma que, para espessuras elevadas dos elementos de pórtico, o modo de rotura predominante é a rotura das placas de revestimento das paredes. Enquanto que em espessuras baixas, a encurvadura dos pilares pode determinar a resistência lateral do sistema. Além disso, o grau de rigidez da ligação do pilar ao pilar não tem muito efeito na resistência final do painel de parede de corte. A redução da distância entre os pilares tem um efeito relativamente pequeno na rigidez inicial, mas aumenta consideravelmente a resistência lateral final do sistema. Além disso, a espessura do material tem um grande impacto na resistência final.

CAPÍTULO 7

Paredes de cisalhamento leves em madeira sem e com barras metálicas tensionadas

Investigação experimental e numérica de paredes de cisalhamento com estrutura de madeira leve (LWF) reforçada com painéis paralelos com barras tensionadas-Day e Zhou (2021)

Este trabalho de investigação debruçou-se sobre as investigações experimentais e numéricas de um novo tipo de parede de cisalhamento reforçada com painéis de bambu de fios paralelos (PSB) em ambas as extremidades da parede de cisalhamento. Os ensaios estão divididos em duas partes: (1) ensaios de carga uniforme de ligações entre painéis e estrutura, representando diferentes posições ao longo da parede; (2) ensaios de carga uniforme de um grupo de diferentes tipos de paredes de aço antigas à escala real e dois grupos de paredes reforçadas com painéis PSB pregados ou aparafusados. Foram analisados os modos de rotura, as curvas carga-deslocamento, a capacidade de suporte última, a rigidez elástica e a dissipação de energia, e discutidas as propriedades mecânicas das ligações painel-quadro e o desempenho lateral dos SW. Além disso, a análise não linear de elementos finitos mostrou que os resultados numéricos estão em boa concordância com os resultados dos ensaios. Os resultados da investigação mostraram que a utilização de diferentes tipos de elementos de aço como elementos de suporte de madeira reforçados com painéis PSB pregados melhora efetivamente o modo de rotura e a ductilidade, a dureza e o desgaste das paredes antigas. A utilização de parafusos nos painéis PSB aumentou a capacidade de suporte lateral e a depreciação das paredes, mas reduziu a sua ductilidade. O ajustamento dos painéis PSB de extremidade melhorou a capacidade de resistência ao derrube, utilizando reforços do tipo perno de aço. Globalmente, as paredes de madeira flutuante reforçadas com painéis PSB de extremidade satisfizeram os requisitos de projeto e reduziram os custos de execução. Alguns dos resultados da investigação são apresentados de seguida.

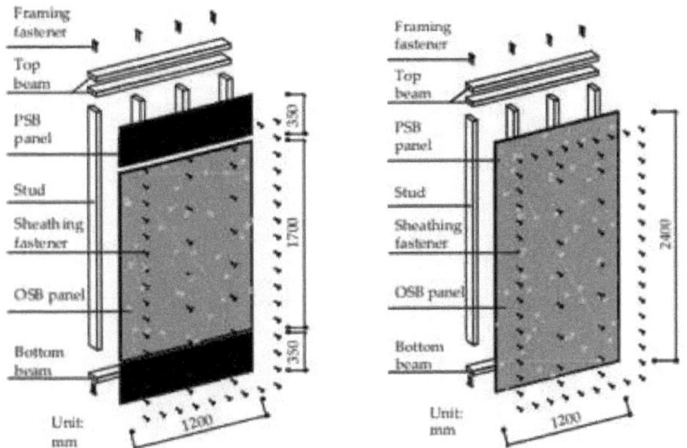

Métodos de construção de SWs de LWF: (a) antigo e reforçado com painéis de bambu de trançado paralelo (PSB)

Nesta investigação, as paredes LWF têm 48 partes e elementos, cujos pormenores podem ser vistos na figura seguinte. As paredes de corte foram testadas quanto à sua dureza e resistência à rotura.

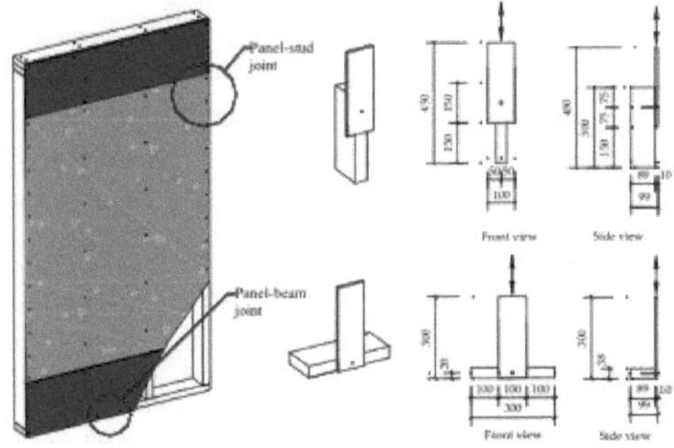

Details of Di and Zhou's test pieces

Detalhes das peças de teste de Di e Zhou

As dimensões da parede são iguais a 1,2 metros x 2,4 metros. As vigas e os pinos são ligados com fixadores de estrutura e a cobertura é instalada na estrutura apenas num lado. Os pregos utilizados no painel OSB foram colocados a intervalos de 150 mm ao longo dos bordos exteriores de cada painel ou a 300 mm ao longo das vigas interiores. Os painéis PSB são fixados aos elementos da estrutura com pregos ou parafusos. Os fixadores de cobertura da parede de corte utilizados nos painéis PSB foram colocados a intervalos de 150 mm ao longo dos bordos exteriores dos painéis PSB e das vigas interiores. Os pormenores das paredes são mostrados na figura abaixo.

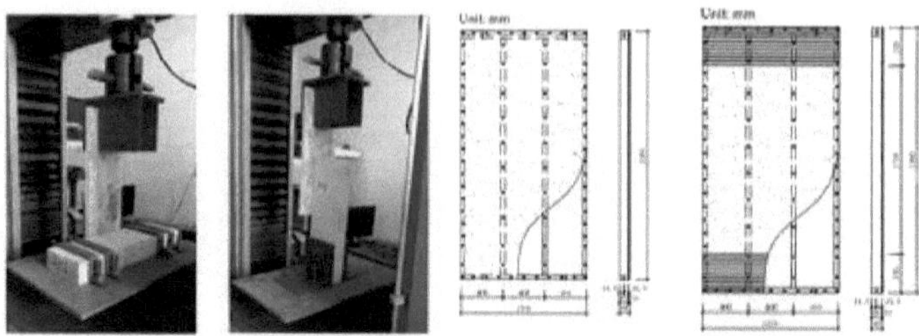

Detalhes das amostras de laboratório e experiências na investigação de Day e Zhou

Comparação entre a amostra de laboratório e o modelo de elementos finitos projetado

Os resultados das experiências e a comparação dos resultados laboratoriais e da modelação por elementos finitos. A instalação de painéis PSB em ambas as extremidades da parede é eficaz para limitar a elevação das cavilhas das extremidades das paredes tradicionais, melhorando assim o modo de rotura e aumentando a integridade da parede. Com a utilização de pregos para revestir os fixadores, a instalação de painéis PSB nas extremidades aumenta significativamente a rigidez, a ductilidade e o desgaste das paredes convencionais. As propriedades mecânicas superiores do painel PSB significam que é criado um melhor aspeto e, por conseguinte, aumentam a integridade das paredes até certo ponto. Além disso, a utilização de parafusos nos painéis PSB de revestimento aumenta o desgaste, mas reduz o rácio de ductilidade das paredes. A capacidade de resistir ao derrube tem uma relação direta com a capacidade de suporte lateral dos muros reforçados. Além disso, a colocação dos painéis PSB de extremidade nas paredes aumentou significativamente a capacidade de derrube das paredes, o que reduziu diretamente a elevação das vigas. Com o aumento da carga vertical, o aumento da capacidade de suporte lateral das paredes quando se utilizam parafusos nos painéis PSB de extremidade é maior do que quando se utilizam pregos.

Análise numérica de estruturas de madeira para paredes de cisalhamento com estrutura LSF sob carga lateral-Peng et al. (2020)

O aumento da procura global para a comunidade global levou ao desenvolvimento de estruturas de madeira de vários andares com estruturas leves, mas a existência de componentes estruturais complexos tornou a modelação exacta dos seus elementos finitos complicada e quase impossível. A resposta estrutural deste tipo de edifícios não pode, normalmente, ser obtida com precisão através dos antigos métodos de cálculo simplificados que se baseiam na utilização de caraterísticas do ciclo de mola baseadas em parâmetros ou em raciocínios matemáticos. Esta investigação propôs um método simples e poderoso de elementos finitos não lineares que é capaz de obter com precisão e eficiência as respostas de estruturas de parede de cisalhamento de madeira de um e vários andares com estrutura leve de acordo com o deslocamento lateral contra o cisalhamento de base. O método proposto consiste em separar as deformações de flexão e de corte da deformação total resultante da análise do modelo de apoio. As curvas não lineares das componentes de deformação em função do corte de base foram utilizadas para desenvolver as propriedades de modelos axiais e de corte simplificados com base numa abordagem que equilibra o trabalho externo e interno. Para demonstrar a exatidão da modelação por elementos finitos na realização de análises de apoio para estruturas com diferentes pormenores estruturais, foram modeladas 6 paredes de corte de um piso e 4 paredes de corte de quatro pisos utilizando este método simplificado de análise não linear por elementos finitos. Em comparação com o método exato de elementos finitos, o método simples de elementos finitos desenvolvido registou com precisão os resultados da análise de desgaste com diferenças aceitáveis e reduziu significativamente o tempo de cálculo. De seguida, serão apresentados o método de modelação, o carregamento e os resultados da investigação.

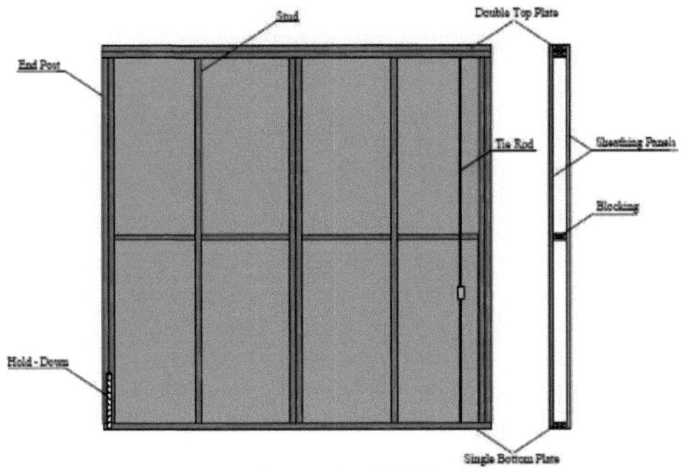

Componentes do LFWS

Em seguida, é apresentada a verificação da modelação de amostras de elementos finitos e artigos de referência, que demonstraram a elevada precisão da modelação de elementos finitos na investigação de Peng et al. De seguida, é apresentada a imagem do elemento finito

model and its details will be presented.

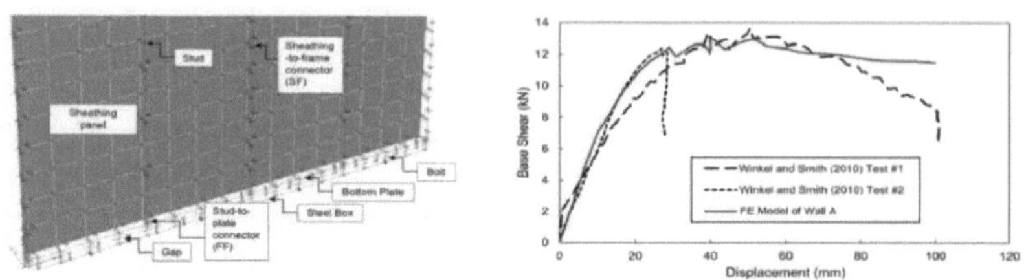

Comparação dos resultados da análise das amostras de elementos finitos da investigação com o artigo de referência e os pormenores do modelo de elementos finitos

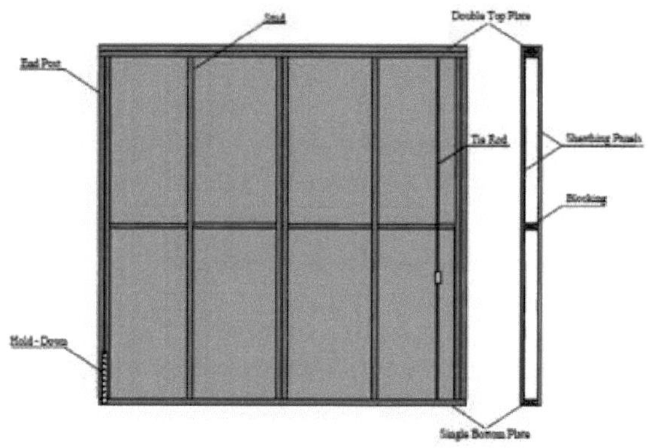

Pormenores das paredes de corte (unidades em mm)

A simplified FEM method has been developed and presented in this research to model

o comportamento de paredes de madeira leve de um e vários pisos sob cargas laterais. O modelo simplificado de elementos finitos tem duas ligações laterais ligadas por uma viga rígida para modelar cada piso da parede. Estas ligações incluem molas de compressão, de corte e de tração. As propriedades destas molas são obtidas através de um modelo numérico preciso que simula todos os componentes da parede, incluindo pernos, bainhas e pregos. A caraterística da mola de compressão linear pode ser obtida a partir da análise detalhada do modelo sob carga gravitacional. Foi desenvolvido um método para obter as propriedades não lineares das molas de tração e de corte através da realização de uma análise exacta do desgaste do modelo. Este método tem em conta o efeito das bielas que são normalmente instaladas na extremidade do muro, bem como o efeito da carga de gravidade que afecta as propriedades da ligação. Quando estas caraterísticas da ligação são criadas para um piso considerando a carga gravítica dos pisos superiores, podem ser utilizadas para simular esse piso, uma parede de vários pisos. A validação deste método foi efectuada através da comparação das curvas de suporte obtidas para vários casos de paredes de um piso e de vários pisos. Em geral, a concordância entre os modelos simplificados e os modelos exactos é muito elevada, com grandes poupanças de tempo computacional e de esforço de modelação conseguidas através da utilização do modelo simplificado. Para as paredes de um só piso, a diferença máxima entre os resultados do modelo exato e do modelo simplificado ocorreu para uma parede com uma relação altura/largura de 2,61, sem barras de ligação e sem carga gravítica transferida do piso. Para este caso, a diferença entre a dureza inicial e a força de corte básica máxima foi de 2,88% e 0,48%, respetivamente. Para paredes de quatro andares, esta diferença de

A rigidez inicial e a força de corte máxima da base aumentaram para 15% e 13,2% para o caso sem barras. No entanto, as paredes de vários andares incluem sempre barras de retenção nas suas extremidades. Para as paredes de quatro pisos com barras, a diferença máxima entre o modelo exato e o modelo simplificado na rigidez inicial e na força de corte de base máxima foi de 6,7% e 1,4%, respetivamente. Esta pequena diferença é considerada aceitável, tendo em conta a diferença significativa no tempo de cálculo e no esforço de modelação obtidos com a utilização da abordagem simplificada.

Realização de estudos laboratoriais e desenvolvimento de paredes de cisalhamento compostas de madeira e aço em escala real - Cunard e Phillips (2019)

Os projectos estruturais modernos têm frequentemente planos de piso abertos e grandes aberturas de paredes de corte que são difíceis de obter utilizando a construção de estruturas ligeiras. Esta investigação examina uma

novo tipo de parede de cisalhamento chamado parede de cisalhamento composta de madeira e aço (WSCSW), que tem alta resistência ao cisalhamento por unidade de comprimento, ductilidade adequada e uma relação de aspeto estreita de aproximadamente 2:1. A WSCSW é constituída por um painel de malha de aço fina rodeado por uma estrutura rígida de madeira e aço. Sob carga lateral, a placa de ligação encurva-se e depois resiste criando um campo de tração. O desenvolvimento concetual do sistema é apresentado para dois protótipos à escala real que têm filosofias de conceção de ligações básicas diferentes. Um projeto tinha condições de fronteira elásticas para aumentar a deformação de corte da placa de ligação, enquanto o outro projeto tinha condições de fronteira inelásticas para minimizar o excesso de resistência da parede. Ambos os protótipos foram testados utilizando um protocolo de carga cíclica e os resultados dos testes foram analisados. Os resultados mostraram que a resistência ao cisalhamento por unidade de comprimento da amostra avaliada é 3 a 6 vezes maior do que as paredes de cisalhamento de estrutura de madeira aprovadas pelo regulamento. Além disso, são apresentadas as equações para prever a resistência ao cisalhamento da WSCSW e o ângulo do campo de tração em 10% dos resultados experimentais. A análise do dimensionamento da ligação de base determinada em relação ao dimensionamento elástico-retentor é mais favorável do que o dimensionamento inelástico para criar mais deformação de corte no plano de ligação. De seguida, são apresentados os pressupostos, as amostras de laboratório e os resultados.

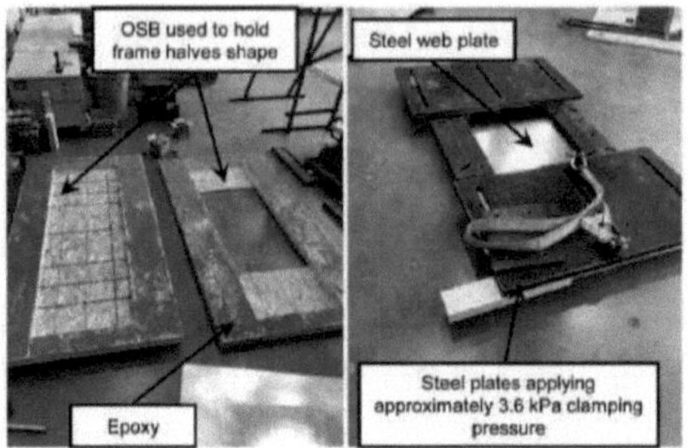

Imagens do fabrico de uma amostra de laboratório na investigação da Cunard e da Phillips

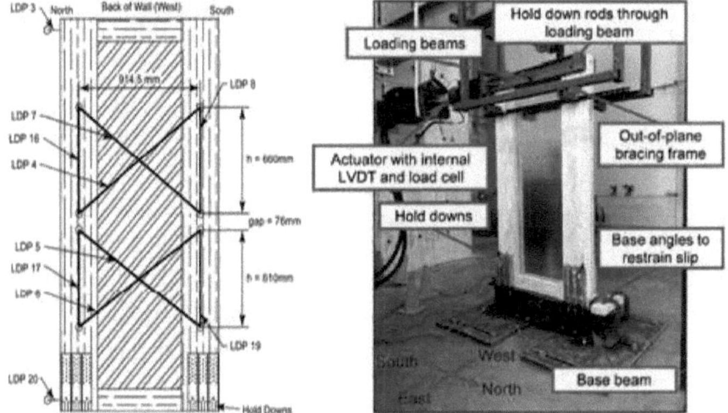

Loading device in the laboratory and details of the section behind the wood-steel composite shear wall

Details of the connection plate in the laboratory sample; in 1% drift and in 3.75% drift

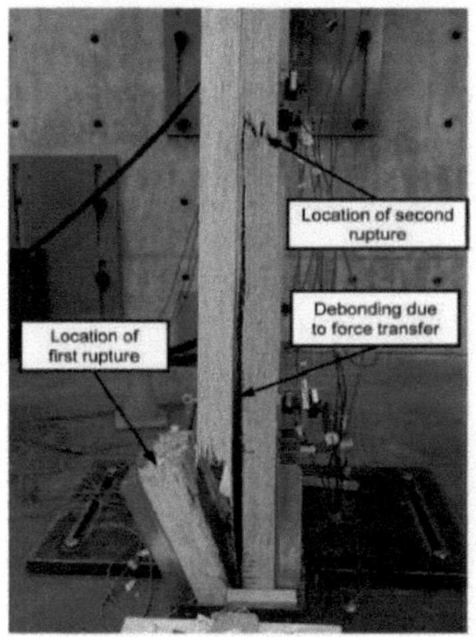

Extension of failure in the laboratory sample

Em geral, as paredes de cisalhamento de estrutura antiga requerem grandes comprimentos de parede para resistir ao cisalhamento em edifícios residenciais e comerciais de média dimensão, o que reduz a flexibilidade arquitetónica para aberturas de parede e espaços abertos. Os resultados da investigação mostraram que a parede de cisalhamento composta de madeira e aço (WSCSW) cria uma solução para reduzir essas limitações, desenvolvendo uma grande quantidade de capacidade de cisalhamento ao longo da parede curta. Dois espécimes de WSCSW à escala real foram desenvolvidos concetualmente, testados e analisados sob carga cíclica para avaliar a validade do modelo WSCSW e determinar qual a conceção proposta, elástica ou inelástica, mais desejável. Ambas as amostras falharam durante o ciclo de deriva de 3,75%. A amostra 1 falhou devido à fratura do pilar na direção da tensão e a amostra 2 devido à fratura da barra de suporte. As amostras WSCSW apresentaram uma elevada tensão de cedência e dureza. Comparado com o caso mais forte de uma parede de cisalhamento de estrutura leve normal, o WSCSW tem quase 5 vezes o cisalhamento sísmico permitido e 3 vezes mais cisalhamento pelo vento.

CAPÍTULO 8

Estrutura de suporte LSF

No sistema de estrutura metálica ligeira, as armações de contraventamento podem ser utilizadas para fornecer a resistência necessária contra as forças laterais do vento e do sismo, de acordo com as condições, as expectativas de conceção e, em caso de desempenho adequado, em relação à conceção arquitetónica da estrutura e às forças laterais que actuam na estrutura. Os pórticos de contraventamento são a forma de contraventamento mais utilizada nos edifícios de estrutura metálica ligeira, sendo utilizados devido à simplicidade de execução, à uniformidade dos materiais e ao custo muito baixo. Em geral, o contraventamento da estrutura com uma estrutura metálica ligeira é efectuado de quatro formas principais:

1) Correias de aço diagonais
2) Correias de aço
3) Cantoneiras triangulares do quadro
4) Contraventamento diagonal com cabos de tensão.

Travessa diagonal em estrutura LSF

Cinta diagonal com cinto de aço (cinto diagonal)

O contraventamento diagonal com cintas de aço é um dos métodos de contraventamento mais comuns para a maioria das estruturas curtas de LSF em áreas sísmicas, que é utilizado em situações em que não há necessidade de aumentar o coeficiente de comportamento (R) nos cálculos do coeficiente sísmico (C). Nas figuras seguintes, são apresentados o esquema do contraventamento diagonal utilizado na estrutura de aço leve da empresa Bailey no Canadá e os componentes do contraventamento diagonal com cinta de aço proposto na investigação de Papargiron e Haji Rasouli.

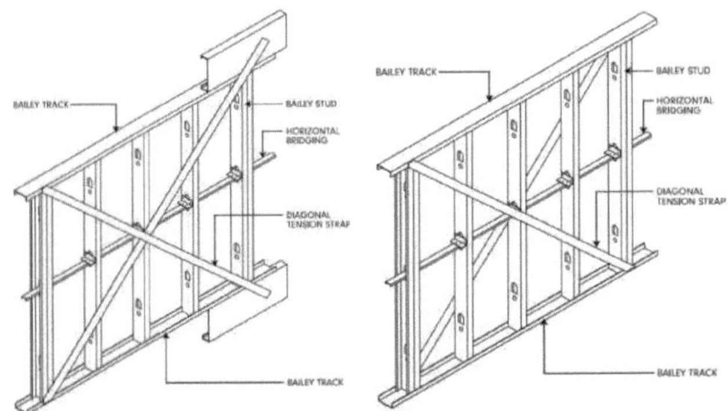

Esquema dos componentes da cinta diagonal com cintas de aço de um lado e de ambos os lados, fabricada pela empresa Bailey no Canadá

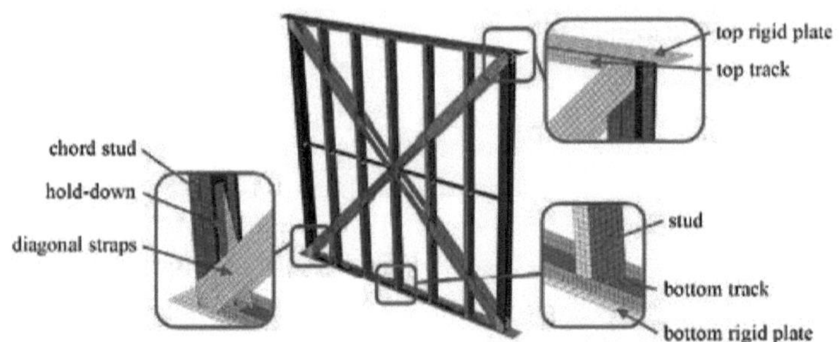

Componentes propostos para a cinta diagonal de aço numa estrutura de aço leve por Papargiron e Haji Rasouliha A tensão de cedência prevista para o elemento da cinta diagonal não deve ser superior à tensão de rotura prevista para o elemento. Ry e Rt são os coeficientes de correção para estimar a tensão de cedência esperada e a tensão de rotura esperada utilizando a tensão de cedência mínima Fy e a tensão de rotura mínima Fu, que devem ser determinadas através de ensaios em materiais de aço utilizados em contraventamentos. O valor de Ry não deve, em caso algum, ser inferior a 1,1.

Requisitos gerais

É necessário evitar a folga na implementação das braçadeiras através do pré-estiramento das braçadeiras da correia diagonal, que actuam apenas como tensão. Além disso, o rácio de esbelteza do membro da cinta diagonal pode ser superior a 200. Podem ser utilizadas coberturas de aço, madeira estrutural, betão armado e coberturas mistas de betão e aço nos diafragmas. No caso de se utilizarem painéis de cobertura de madeira estrutural ou de aço, é necessário cumprir as normas relativas ao diafragma de acordo com a secção (6-8-4-4).

A flexibilidade do diafragma deve ser calculada de acordo com os critérios da norma 2800 e incluída na modelação. Se não houver fixação no diafragma coberto com placas estruturais de madeira ou aço, este é considerado um diafragma macio e a sua utilização só é permitida em edifícios até 7 metros de altura ou dois pisos.

Na secção de dimensionamento deste tipo de contraventamento, devem ser tidos em conta alguns pontos importantes, no caso de diafragmas de madeira, deve basear-se nas normas da publicação 612, que serão mencionadas na secção seguinte.

Design de diafragma em madeira

Para diafragmas cobertos com placas de madeira estruturais de acordo com as normas PS 1 e PS 2, se os critérios desta parte forem cumpridos, podem ser utilizados os valores da resistência nominal no diafragma apresentados na tabela (5-6) da publicação 612. O diafragma coberto com placas de madeira pode ser projetado e executado com ou sem elementos de fixação.

No caso de se utilizar o método de dimensionamento por resistência admissível (ASD), a resistência admissível é dividida pela resistência nominal de acordo com a tabela (5-6) da publicação 612 pelo fator de fiabilidade (£2), igual a 2,5 para cargas sísmicas e 2 para cargas de vento ou outras cargas laterais são determinadas dentro do plano.

No caso de utilização de coeficientes de carga e resistência (LRFD), a resistência admissível resultante da divisão da resistência nominal de acordo com a tabela (5-6) da publicação 612 no fator de redução da resistência (ϕ) é igual a 0,6 para cargas sísmicas e 65 0/ é determinada para cargas de vento ou outras cargas no plano.

Alterar a localização do desenho no desenho

O deslocamento do diafragma fixo coberto com placas estruturais de madeira pode ser calculado utilizando a seguinte equação. É necessário explicar que, no caso de diafragmas não fixados, o valor de δ deve ser multiplicado por um fator de 2,5. Recomenda-se que a barra de borda do diafragma não tenha remendo, tanto quanto possível, e se houver um defeito no remendo da barra de borda, é necessário ter em conta o seu efeito no cálculo de δ . Como o local do remendo está perto da extensão das barras do sistema de suporte de carga lateral, o efeito do defeito do remendo pode ser tido em conta no cálculo de δ ignorado

$$\delta = \frac{0.052 v L^3}{E_S A_c b} + \omega_1 \omega_2 \frac{vL}{\rho G t_{\text{sheating}}} + \omega_1^{\frac{s}{4}} \omega_2 \left(\frac{v}{0.00579\beta}\right)$$

Na relação acima: b Largura do diafragma paralela à direção de aplicação da carga (mm), Ac secção transversal do elemento final (mm), Es módulo de elasticidade do aço igual a 203000 MPa, G módulo de corte do material de revestimento utilizado (MPa), L comprimento do diafragma perpendicular à direção de aplicação da carga (mm) , h altura da parede (mm), s distância máxima dos parafusos na extremidade das chapas de cobertura (mm), t_sheating espessura nominal da chapa de cobertura (mm), t_{stu} d espessura nominal dos elementos do pórtico (mm), v força de corte necessária (N/mm), V A força total aplicada ao diafragma (Newtons), P é igual a 810 para chapas multicamadas e 660 para chapas do tipo OSB, δ é o deslocamento calculado (mm), p é igual a 1.85 para placas multicamadas e 1,05 para placas OSB, o.)i s/152,4 onde s está em milímetros, UP é 0,838/t_{stu} d onde t_stud está em milímetros.

Rácio de aspeto da abertura

A relação entre o comprimento e a largura do diafragma de madeira não deve ser superior a 3. Este rácio pode ser aumentado até 4, desde que o diafragma tenha um fixador e o comprimento das costuras onde as juntas de borda são realizadas no fixador seja interrompido. A largura dos painéis estruturais de madeira não deve ser inferior a 600 mm.

Ligação das placas de cobertura da membrana aos elementos da cobertura

A ligação no bordo das chapas de cobertura deve ser efectuada com o parafuso de cabeça chata número 8 (diâmetro 4,17 mm), de acordo com a norma ASTM C 1513, com a disposição apresentada na tabela (6-5) da publicação 612. No local das ligações sem bordas, os parafusos devem ser executados paralelamente aos membros da estrutura do telhado em intervalos máximos de 300 mm.

Braçadeira diagonal com cabos de tensão

Outro tipo de contraventamento diagonal em estruturas de aço leve é o contraventamento com cabos de tração. Este tipo de contraventamento é por vezes utilizado em estruturas de aço e de betão, mas em estruturas de aço leve, devido à generalidade e extensão da utilização de contraventamentos diagonais com cintas de aço, a utilização de contraventamentos com cabos é muito rara. Nas figuras seguintes, são apresentadas as imagens do edifício de betão com contraventamento por cabo de tração implementado pela empresa Jaret e a amostra proposta de contraventamento por cabo com amortecedor na investigação de Naqvi.

Cinta diagonal com cabo de tração em edifício de betão

Uma amostra de uma braçadeira de cabos com amortecedor estrutural proposta por Naqvi

O desempenho do sistema de contraventamento diagonal com cabo de tração numa estrutura de um piso e um vão é apresentado esquematicamente na figura seguinte. Se os cabos não tiverem força de pré-esforço, ao aplicar a força no lado direito e o movimento lateral do pórtico, o cabo Ci é esticado e resiste à posição lateral mas o cabo C2, que está sob tensão devido ao seu peso, tem uma pequena rigidez, tem pouco efeito sobre esta resistência. Além disso, a elevação inicial causada pelo peso no cabo cria alguma liberdade de ação para o movimento lateral do pórtico. Ao aplicar a força de pré-esforço, a tensão do cabo é reduzida de acordo com a seguinte relação e a liberdade de ação para o movimento do pórtico é negada.

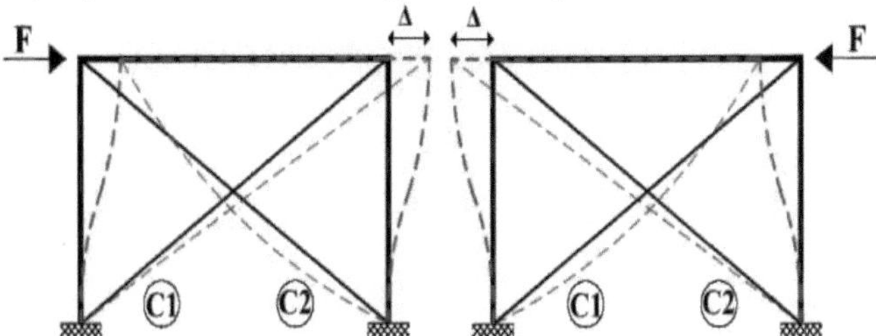

Desempenho do sistema de cabos contra cargas laterais recíprocas

$H = -$

Na relação acima, H é a componente horizontal da força de tração do cabo ou da força de pré-esforço e W é a carga uniforme alargada na imagem horizontal do cabo (o peso do cabo é, na verdade, uma força alargada no elemento, mas devido ao peso reduzido, pode ser distribuído na direção horizontal, utilizando-se esta relação de forma aproximada), L é o comprimento das dimensões horizontais do cabo e f é a altura do cabo no meio da abertura, que é medida verticalmente. Além disso, a aplicação desta força, devido ao aumento da dureza dos cabos e de todo o sistema, provoca uma redução adicional da mudança de posição lateral. Ao mudar a direção da força, o papel principal de resistência à posição lateral do quadro recairá sobre o cabo C2. Para ligar o cabo à estrutura neste sistema, são sugeridos os dois métodos seguintes:

a) Utilizar tomadas especiais que são ligadas ao cabo por metais fundidos, como o zinco. A forma e as especificações deste tipo de tomadas estão disponíveis nalgumas normas, tais como as normas BS 302.

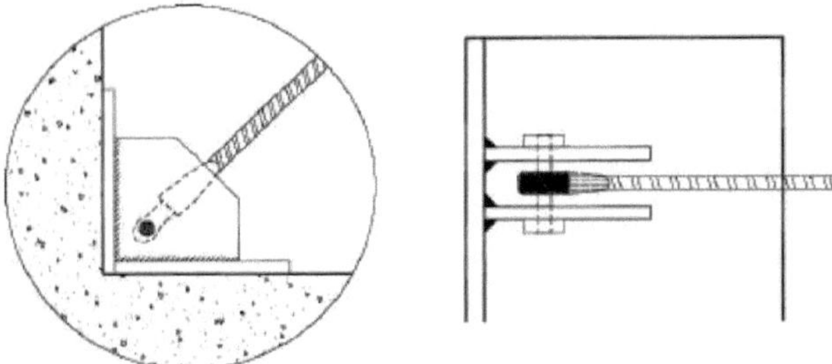

Como ligar o cabo à estrutura utilizando um encaixe na cinta diagonal com um cabo de tensão b) Neste método, em vez de utilizar encaixes, a extremidade do cabo é transformada num anel e colocada dentro da ranhura da peça de ligação, sendo esta peça ligada às chapas por pinos. Existem três métodos para fazer um anel: duas extremidades do cabo pressionando com uma ligação de braçadeira de garganta, ligando braçadeiras em forma de U, e tecendo à mão corda de aço.

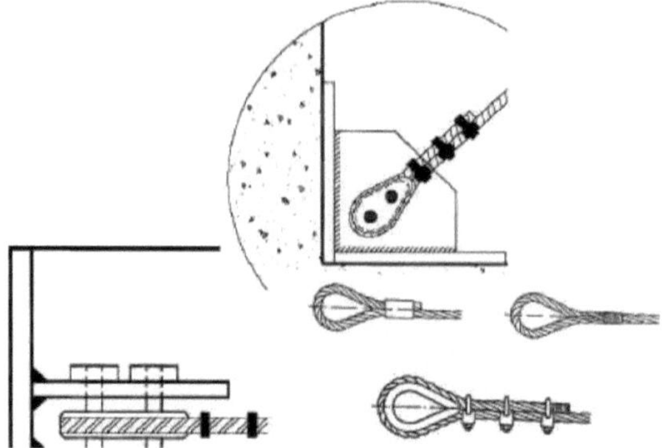

Como ligar o cabo à estrutura através da criação de um anel e diferentes métodos de criação de um anel

Os contraventamentos diagonais como parte de uma parede estrutural para fazer face a cargas de vento, sismos e outras forças no plano devem estar em conformidade com os critérios de dimensionamento dos elementos de tração no terceiro capítulo e também com os requisitos contidos neste parágrafo na publicação iraniana 612 (Regulamentos para o dimensionamento e a execução de estruturas de aço laminadas a frio - secção Estrutura) ou nas normas AISI S213 e AISI S400 2016. O primeiro passo para o dimensionamento dos contraventamentos diagonais é o seu posicionamento. Esta localização no plano arquitetónico do edifício é o principal determinante da escolha do tipo de contraventamento baseado no diâmetro da cinta ou nas coberturas estruturais de aço e madeira, porque o plano arquitetónico determinará a forma de distribuição das forças com base nas paredes de corte e no contraventamento. Por conseguinte, a primeira questão será verificar o estado das paredes para determinar o tipo de parede de corte ou contraventamento e a sua localização.

Avaliação dos factores de erro de engenharia em contraventamentos diagonais em estruturas de aço leve

Existem dois factores importantes na conceção e execução do contraventamento diagonal, que são considerados como factores importantes e influentes na criação de erros de engenharia em estruturas de aço ligeiras. Normalmente, este tipo de erro ocorre devido à falta de conhecimento técnico do grupo de engenharia no momento do projeto e à falta de experiência e erros comuns do grupo executivo durante a instalação dos contraventamentos. Esses dois itens são:

5)   Para a colocação de paredes de contraventamento diagonal com cintas de aço em estruturas de estrutura metálica ligeira, a primeira condição obrigatória é observar um ângulo mínimo de 30 graus e um máximo de 60 graus no ângulo de instalação dos contraventamentos diagonais. Se este ângulo não for assegurado, o tipo de parede deve ser alterado de contraventamento diagonal para uma parede de corte revestida com chapas estruturais de aço ou de madeira. Na situação em que a força distribuída da parede não é muito elevada, é possível utilizar duas áreas de contraventamento diagonal na altura da parede, dividindo a parede exatamente a partir do ponto médio

em duas partes superior e inferior. Na figura abaixo, é apresentado o efeito do ângulo de instalação do contraventamento diagonal nas forças existentes.

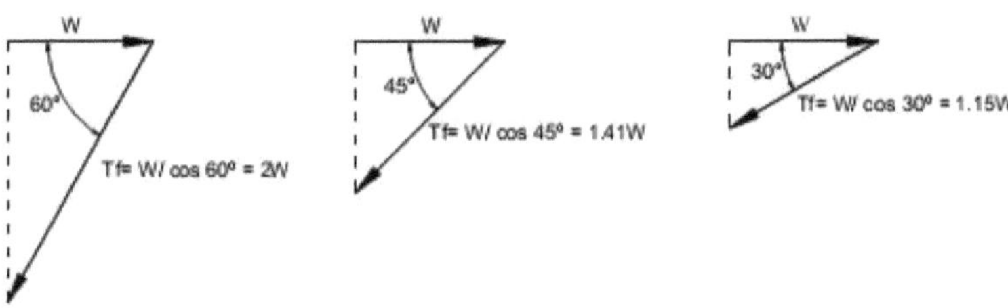

Como o ângulo de instalação dos contraventamentos diagonais numa estrutura de aço leve afecta as forças internas da estrutura 2) Outra condição muito importante para determinar a colocação de paredes de contraventamento diagonal com cintas de aço ou paredes de corte cobertas com placas estruturais de madeira ou chapas de aço é a precisão da planura e uniformidade das paredes. As paredes que têm uma curvatura plana ou que são escolhidas para símbolos arquitectónicos não são adequadas para serem selecionadas como paredes de contraventamento ou paredes de cisalhamento cobertas com painéis estruturais de madeira ou cobertura de chapa de aço, e o contraventamento em paredes com curvatura plana é proibido. De seguida, apresentam-se algumas deficiências técnicas na execução do contraventamento diagonal nos edifícios executados. Nesta imagem, que é um complexo residencial com 1280 unidades habitacionais em Marvdasht, o contraventamento diagonal não deve ser implementado devido ao facto de ter ângulos superiores a 60 graus na estrutura de aço leve, e o contraventamento diagonal deve ser alterado para uma parede de cisalhamento coberta com chapas estruturais de aço ou de madeira para cumprir os requisitos regulamentares.

Implementação incorrecta do contraventamento diagonal com ângulo superior a 60 graus na estrutura de aço

leve Na conceção das paredes da estrutura LSF e assuntos relacionados, a conceção do contraventamento da parede e da ligação da parede no canteiro de obras é muito importante. Basicamente, o contraventamento é um elemento eficaz cuja função é criar rigidez suficiente nas estruturas LSF para suportar a força de corte resultante do vento, do sismo e das forças naturais ou não naturais que actuam na estrutura da parede em edifícios de estrutura de aço leve. Esta rigidez, num pórtico LSF contraventado, é de facto axial a partir da base do elemento de cavilha numa extremidade da parede ao longo da crista de um elemento de cavilha na outra extremidade da parede LSF.

CAPÍTULO 9

Parede de cisalhamento LSF

73

Introdução

Para lidar com as forças laterais do vento e do sismo, a estrutura necessita de medidas para criar resistência no sistema estrutural, o que é feito de duas formas: apoio estrutural e apoio do edifício. No método de fornecimento estrutural, são utilizados vários tipos de sistemas de contraventamento e amortecimento e ligações de vigas e semi-vigas e tipos de estruturas de paredes de cisalhamento. No método de fornecimento de construção, é utilizada uma variedade de métodos de separação e massa pendular, que são executados fora do sistema estrutural e no edifício. No sistema de construção com estrutura de aço leve, para lidar com a força lateral na estrutura e criar resistências estruturais adequadas, é necessário utilizar uma variedade de métodos que tenham uma resposta adequada contra a força lateral na estrutura. Assim, é possível utilizar vários tipos de sistemas de contraventamento e amortecedores sob a forma de paredes de cisalhamento e criar ligações fixas e semi-fixas, bem como separadores e objectos pendulares. A utilização de qualquer um dos métodos para garantir a resistência da estrutura deve estar de acordo com os seus critérios técnicos e todos os seus tópicos e pormenores devem ser cuidadosamente observados.

Em geral, para garantir a resistência ao cisalhamento de edifícios com estrutura de aço leve LSF, de acordo com o tipo e as condições de projeto, podem ser utilizados vários tipos de paredes de cisalhamento, principalmente os quatro factores seguintes são eficazes no tipo de parede de cisalhamento na estrutura LSF:

1. Aceleração ou pressão do vento de base de projeto e fator Ru
2. Altura da estrutura, cisalhamento e ancoragem de tombamento
3. Segurança estrutural e fator de importância estrutural
4. Fornecer o comprimento necessário de paredes para resistência ao cisalhamento.

De um modo geral e do ponto de vista estrutural, existem dois tipos de paredes de corte em estruturas de aço leve, o tipo I é dimensionado de acordo com os critérios da Secção 6-5 da Publicação 612 do Irão e o tipo II é dimensionado de acordo com os critérios da Secção (6-6) da Publicação 612 do Irão.

Parede de cisalhamento tipo I

No primeiro tipo de parede de cisalhamento, deve ser projectada e executada com cobertura total de paredes de aço laminado a frio com chapas adequadas e a utilização de contraventamentos em ambas as extremidades de cada peça de parede.

Nas paredes de corte do tipo I que são cobertas com chapas de cobertura de madeira ou chapas de aço, podem ser criadas aberturas na distância entre os contraventamentos de apoio, desde que sejam fornecidos os pormenores necessários para transferir a força em torno das aberturas. Na figura seguinte, são apresentados os pormenores da primeira parede de corte tipo na estrutura de aço leve

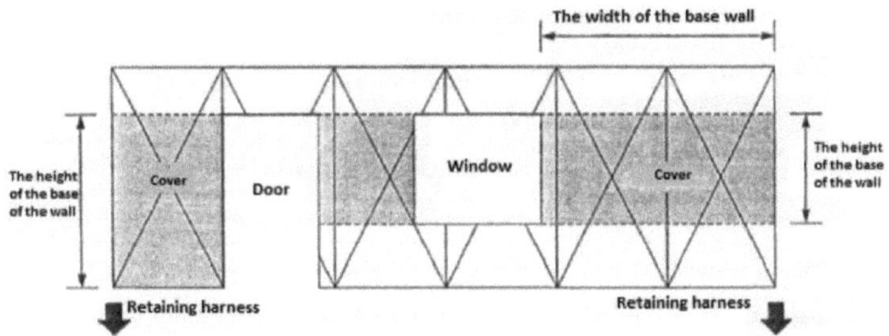

Pormenor de parede de cisalhamento de tipo I em estrutura de aço leve

O rácio entre a altura e a largura (h/w) de cada base de uma parede de cisalhamento de tipo I com abertura não deve ser superior a 2. A altura de cada base é igual à altura da abertura na proximidade da parede coberta. A largura (w) é igual à largura coberta da base adjacente à abertura. A largura de cada base não deve ser inferior a 600 mm.

No caso de paredes de corte revestidas com placas de gesso cartonado ou placas de fibrocimento e com aberturas, bem como de paredes de corte revestidas com madeira estrutural e placas de aço, mas sem os pormenores necessários para transferir forças em torno das aberturas, uma parte da parede estrutural que tenha uma abertura, não é considerada uma parede de corte do tipo I e, de acordo com a figura seguinte, devem ser considerados contraventamentos de apoio separados para cada parte da parede.

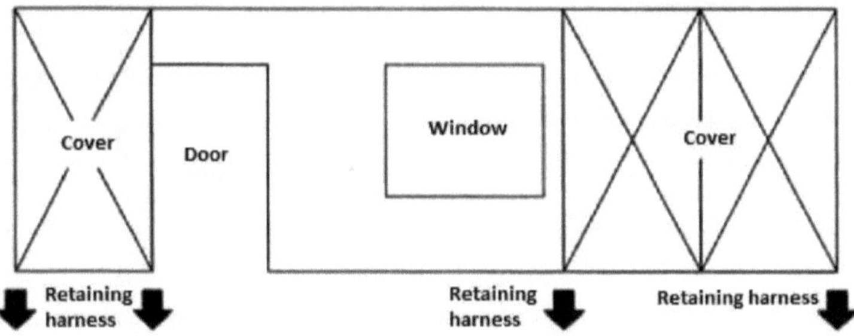

Parede de cisalhamento de tipo I, sem pormenores de transmissão de forças à volta das aberturas

O recuo das paredes das estruturas não deve exceder a profundidade da viga do telhado.

Resistência nominal, admissível e de projeto

A resistência nominal do primeiro tipo de paredes de corte deve estar de acordo com as tabelas (6-1) e (6-2) da publicação iraniana 612 para cargas de vento, sismos e outras forças laterais no plano, e estas resistências devem ser a base para o cálculo da resistência admissível ou de projeto. A resistência admissível é obtida dividindo a resistência nominal pelo fator de segurança e a resistência de projeto por multiplicando a resistência nominal pelo fator de redução da resistência apresentado no quadro seguinte.

Coeficientes necessários para o cálculo da resistência admissível ou para o dimensionamento de uma parede de

75

corte de primeiro tipo numa estrutura de aço leve

$\Pi = 2.5$	para o método de conceção baseado na resistência admissível (sismo)
$0 = 2$	Para o método de projeto baseado na resistência admissível (vento e outras cargas laterais no interior do plano)
$\phi = 0.6$	para o método de projeto baseado nos coeficientes de carga e de resistência (sismo)
$\phi = 0.6\ 5$	Para o método de projeto baseado nos coeficientes de carga e resistência (vento e outras cargas laterais no interior do plano)

Se as superfícies de ambos os lados da parede estiverem cobertas com materiais de revestimento diferentes ou com disposições de ligação diferentes, não é permitido adicionar resistências semelhantes para calcular a resistência total. Além disso, se for utilizado um tipo de material para revestir ambos os lados da parede e a resistência nominal for a mesma em ambos os lados, a resistência total é igual à soma das duas resistências. Se for utilizado o mesmo tipo de material para cobrir ambos os lados da parede e a resistência nominal não for a mesma em ambos os lados, a resistência total é igual ao máximo de um dos dois valores da resistência maior ou ao dobro da resistência menor.

Alterar a localização do gráfico

A mudança na localização da parede de cisalhamento com o revestimento de placas estruturais de madeira ou aço com fixações coesivas pode ser calculada utilizando a seguinte equação:

$$\delta = \frac{(2vh)}{3E_s A_c b} + \omega_1 \omega_2 \frac{vh}{\rho G t_{sheating}} + \omega_1^{\frac{s}{4}} \omega_2 \omega_3 \omega_4 \left(\frac{v}{0.0029\beta}\right)^2 + \frac{h}{b}\delta_V$$

Na relação acima: b Largura da parede de cisalhamento (mm), Ac área transversal bruta do elemento de contorno vertical (mm), Es módulo de elasticidade equivalente a 203000 MPa, G módulo de cisalhamento do material de cobertura (MPa), h altura da parede (mm), s distância máxima dos fixadores nas bordas das placas de cobertura (mm), t_s heating$_g$ espessura nominal da placa de revestimento (mm), v força de cisalhamento por unidade de largura (N/mm), V força total aplicada à parede de cisalhamento (N), в é 810 para contraplacado e 660 para OSB, § deslocamento calculado (mm), 5V alteração da forma vertical dos contraventamentos ou pormenores previstos para a ligação (mm), p para contraplacado é igual a 1.85 e para OSB é igual a 1,05, ®i é igual a 152/s onde s está em milímetros, ®2 é equ^ a 0,838/t_stud onde t_stud está em milímetros, , é igual a л/(11/2Ь) e ®4 é igual a 1 para painéis estruturais de madeira.

Cobertura com painéis estruturais de madeira

As paredes constituídas por estruturas de aço ligeiro laminado a frio revestidas de painéis de madeira estrutural devem ser adequadas para resistir a forças horizontais causadas pelo vento, por sismos ou por outras forças laterais no plano e satisfazer as seguintes condições

Os painéis estruturais de madeira para revestimento devem ter a qualidade necessária em termos de durabilidade e resistência, de modo a cumprir a resistência mínima das tabelas da publicação 612 do Irão. Os painéis estruturais de madeira devem ser aprovados por fontes internacionais fiáveis ou estar em conformidade com os métodos de ensaio e os critérios de aceitação da versão mais recente das normas PS 1, PS 2, CSA 0121, CSA 0151 ou CSA 0325.

As placas de cobertura de madeira dos instrumentos podem ser utilizadas paralelamente ou perpendicularmente aos elementos da estrutura.

A ligação das placas de cobertura estruturais de madeira aos elementos da estrutura deve ser efectuada com, pelo menos, um parafuso de cabeça número 8 (diâmetro 4,17 mm) com um diâmetro de cabeça de 7,24 mm ou um parafuso de cabeça número 10 (diâmetro 4,83 mm) com um diâmetro de cabeça de 8,46 mm. A fixação deve ser efectuada de acordo com a tabela (1-6) da publicação 612.

Os parafusos utilizados para ligar as placas de cobertura de madeira das estruturas devem estar em conformidade com a norma ASTMC 1513.

Parede de cisalhamento do tipo Π

A parede de corte do tipo Π, constituída por estruturas de aço laminado a frio cobertas com placas de madeira estruturais ou placas de aço, pode ser utilizada para resistir às cargas causadas pelo vento e pelo sismo se cumprir os critérios desta secção. Todos os critérios da parede de corte do tipo I também são válidos para este tipo de parede de corte, exceto nos casos que serão mencionados abaixo.

A) Todas as paredes de cisalhamento do tipo Π devem terminar no início e no fim com peças de parede de cisalhamento com uma relação altura/largura de acordo com os limites da parte (5-6) da publicação iraniana 612. As aberturas devem ficar fora das peças de extremidade e, em qualquer caso, a largura das aberturas não deve ser incluída no cálculo da largura da parede de cisalhamento do tipo Π.

b) A parede de corte do tipo Π não deve ter um recuo para fora do plano. Caso contrário, a parede de cada lado deste recuo é entendida como uma parede de corte do tipo Π separada, e é necessário implementar um suporte de apoio em ambas as extremidades de cada uma das paredes.

c) O elemento de recolha para a transferência de cisalhamento deve ser fornecido ao longo de todo o comprimento da parede de cisalhamento do tipo Π.

f) As superfícies superior e inferior da parede de corte do tipo Π devem ter um nível constante. Caso contrário, devem ser utilizados outros métodos para a análise e o dimensionamento.

h) A altura das paredes de cisalhamento do tipo Π não deve exceder 6,2 metros.

Resistência ao cisalhamento melhorada

A resistência ao corte modificada é calculada multiplicando o fator de correção da resistência ao corte indicado no quadro (3-6) da publicação iraniana 612 pelos valores da resistência ao corte não modificada. A resistência ao corte não corrigida é equivalente à resistência admissível ou de projeto calculada com base nos critérios da secção (6-5) da publicação iraniana 612, para a parede de corte pretendida.

Trajetória de carga

Deve ser previsto um caminho de carga específico para a fundação para transferir as forças de elevação, de corte e de pressão calculadas de acordo com os parágrafos anteriores. As barras que têm a tarefa de resistir às forças da parede de corte transferidas dos pisos superiores devem ser projectadas para somar as forças de cada um dos pisos. Outros parâmetros de dimensionamento nesta secção são baseados em publicações e orientações relacionadas com estruturas de aço leve.

Tipos de paredes de cisalhamento

Podem ser utilizados seis tipos comuns de paredes de corte no sistema estrutural de um edifício em aço leve, sendo que a escolha do tipo depende das expectativas do engenheiro projetista, que incluem o seguinte:

1) Parede de cisalhamento de painéis estruturais de madeira OSB
2) Parede de cisalhamento de painéis estruturais de madeira contraplacada
3) Parede de cisalhamento de placas estruturais de chapa de aço
4) Parede de cisalhamento de placas estruturais de carbonato de alumínio
5) Parede de cisalhamento em aço reforçado
6) Parede de cisalhamento em betão.

Na figura seguinte, é apresentado um edifício ligeiro de seis andares com um sistema de parede de cisalhamento feito de painéis de madeira OSB na mesa de ensaio sísmico. O tamanho do edifício em dimensões reais e a intensidade do sismo é de 10 Richter Magnitude e entra no edifício em direcções de cisalhamento e perpendiculares. Após o carregamento total, a estrutura tinha um nível funcional de segurança de vida e sofreu danos muito pequenos.

**Uma estrutura ligeira de seis andares com dimensões reais, com um sistema de parede de cisalhamento de painéis de madeira OSB numa
mesa de ensaio sísmico**

CAPÍTULO 10

Amortecedor

Introdução
A redução da possível perda de vidas durante ou após um sismo e a redução dos custos de reparação ou reconstrução após um sismo estão entre os objectivos mais importantes do reforço e melhoria da estrutura. Nas últimas décadas, estão a expandir-se vários métodos para reduzir as forças na estrutura. A utilização de isoladores de base e o amortecimento da força sísmica com vários tipos de amortecedores são considerados os métodos mais comuns de amortecimento. Neste sentido, vários tipos de amortecedores e separadores de base são propostos e testados por cientistas e investigadores. Os amortecedores e separadores propostos são muito diversos e cada um deles tem vantagens e desvantagens específicas. De um modo geral, a utilização de amortecedores e isoladores e outras ferramentas que são utilizadas para reduzir e depreciar a força de um sismo são conhecidas como o sistema de controlo de vibrações na estrutura.

Os sistemas de controlo das vibrações na estrutura sob a influência de várias forças, incluindo os sismos, dividem-se em três categorias gerais: (a) controlo ativo, (b) controlo passivo e (c) controlo semi-ativo. Cada um destes métodos será explicado de seguida. Controlo ativo

Neste método, ao provocar vibrações na estrutura, a informação proveniente de estímulos externos, incluindo a aceleração do solo e o estado da estrutura, incluindo o deslocamento, a velocidade e a aceleração de diferentes partes, é enviada por receptores para o núcleo de processamento principal. O núcleo de processamento do sistema de controlo, ao analisar a informação de entrada, determina a melhor resposta para reduzir as forças e deformações causadas pela estimulação criada na estrutura. Neste caso, utilizando diferentes métodos e ferramentas, como a massa variável ativa e a rigidez, é aplicada à estrutura uma força de controlo adequada. Desta forma, o sistema de controlo ativo efectua as alterações necessárias nas caraterísticas dinâmicas da estrutura, utilizando a energia externa durante um sismo.

Controlo passivo
Neste método, ao contrário do sistema de controlo ativo, a fonte de energia externa e os sistemas de processamento e aplicação de energia não são utilizados para alterar as caraterísticas dinâmicas e depreciar a energia de entrada na estrutura. Por esta razão, o custo de construção, manutenção e utilização do sistema de controlo passivo é muito inferior ao do sistema de controlo ativo e é mais bem-vindo. A conceção da estrutura neste sistema de controlo é realizada de forma a que a energia que entra na estrutura seja reduzida ou direcionada para dispositivos de consumo de energia (amortecedores). Considerando que a área de impacto da força incidente é limitada, se os isoladores de base e os amortecedores causarem danos graves a estas peças durante um sismo, podem ser facilmente reparados ou substituídos. De acordo com as definições apresentadas, uma vasta gama de métodos de redução e amortização da energia recebida está incluída na categoria de controlo passivo.

Controlo semi-ativo
Esta categoria de sistemas de controlo funcional tem condições entre os dois métodos

anteriores. De facto, no sistema de controlo semi-ativo, a utilização da fonte de energia externa e do sistema de controlo é muito limitada. Para este efeito, na maioria dos casos, o sistema de controlo corrige o movimento da estrutura durante um sismo utilizando a energia das baterias e as alterações das caraterísticas da estrutura, como a rigidez. Por conseguinte, nos sistemas de controlo semi-activos, ao contrário dos sistemas activos, não é adicionada muita energia ao sistema.

Descrição do sistema de amortecimento da energia sísmica

Um dos sistemas modernos mais seguros e eficientes utilizados na estrutura como proteção contra os sismos é o sistema de amortecedores sísmicos, que é mais utilizado em países propensos a sismos, como o Japão, os Estados Unidos e a Nova Zelândia. A definição de novos elementos na estrutura com o nome de amortecedor sísmico, que é a causa da perda de energia sísmica que entra na estrutura, e a sua utilização na estrutura podem levar um edifício a condições óptimas. Os equipamentos de amortecimento são classificados de diferentes formas. Por exemplo, na classificação dos sistemas de amortecimento, a dependência comportamental apenas da velocidade ou do deslocamento pode ser um critério prático. Deste ponto de vista, os tipos de amortecedores metálicos de cedência incluem o amortecedor de arco, o amortecedor de injeção de chumbo (LED), o amortecedor de cedência de chumbo (PVD) e o amortecedor metálico de cedência (MYD) e o amortecedor de fricção, incluindo os amortecedores com comportamento de amortecimento dependente do deslocamento e independentes da velocidade. De facto, nesta categoria de sistemas de amortecedores, a velocidade de entrada na junção das duas extremidades do amortecedor não afecta a quantidade de força e a quantidade de consumo de energia do sismo, ou têm um efeito muito pequeno. Este facto pode ser útil em muitos casos. Por exemplo, utilizando um amortecedor de fricção e tendo em conta esta caraterística, é possível limitar facilmente a força de entrada de um sismo e criar o chamado fusível de fricção.

Vantagens e desvantagens da utilização de amortecedores na estrutura

Considerando que, nos materiais sólidos, o amortecimento interno (que depende do tipo de material) se altera sob a influência de vários factores, tais como os efeitos térmicos, o fenómeno de fadiga e o fenómeno de Bauschinger, os efeitos destes factores devem ser investigados nos materiais e, de forma a poder criar materiais com um determinado amortecimento, minimizado. Um dos diferentes métodos para produzir materiais com amortecimento conhecido é a utilização de um amortecedor. O amortecedor é muito mais útil em solos duros do que em solos moles, porque as ondas sísmicas são filtradas ao passar pelas camadas de solo, e a aceleração do movimento do solo em solos duros consiste em componentes de alta frequência e em solos moles, em componentes de baixa frequência. Em solos muito moles, devido à proximidade entre o tempo de ciclo da estrutura isolada e o tempo de ciclo da resposta máxima da estrutura, o isolamento não tem um resultado favorável e, em alguns casos, aumenta as forças na estrutura. Por exemplo, a utilização de amortecedores de acordeão de paredes finas, especialmente em grandes explosões, melhora muito o deslocamento global da estrutura (até 98% para uma estrutura de um piso e 64% para uma estrutura de quatro pisos). Ao mesmo tempo, ao colocá-los nos pontos onde ocorrem muitas deformações, as deformações plásticas locais dos pontos podem ser reduzidas. Em geral, as vantagens da utilização de vários tipos de amortecedores na estrutura incluem o seguinte:

1) Absorve eficazmente a energia sísmica e reduz os riscos na estrutura.

2) Não necessita de assistência e manutenção após a instalação.

3) Têm a capacidade de serem instalados de forma fácil e rápida e são ideais para reequipar estruturas existentes.

4) Existem diferentes tipos que podem ser escolhidos de acordo com as necessidades da estrutura.

5) Têm um peso e volume reduzidos e podem adaptar-se às condições específicas de cada projeto.

6) Após o terramoto, podem ser ajustados ou substituídos no local.

7) É possível alterar a capacidade do amortecedor após o terramoto, de acordo com a alteração das caraterísticas inerentes à estrutura.

8) Aplicação de uma força constante às ligações e estruturas em todos os sismos.

9) Por outro lado, existem algumas desvantagens na utilização do sistema de amortecedores estruturais, o que levou à necessidade de atualizar os amortecedores estruturais e melhorar o seu desempenho. Uma das desvantagens mais importantes dos amortecedores estruturais é a limitação da sua utilização em estruturas de grande altura. Neste tipo de estrutura, a utilização de sistemas de amortecedores é muito dispendiosa, o que, naturalmente, pode ser economicamente justificado em caso de produção em massa.

10) **Conclusão**

11) A utilização de amortecedores como forma de depreciar a energia causada por um sismo é um dos métodos mais utilizados. Os amortecedores são poderosos sistemas de controlo de vibrações sísmicas cuja principal função é suprimir ou reduzir o efeito dos sismos na fundação e noutros elementos estruturais. O mecanismo de ação deste tipo de elementos estruturais como elemento isolador e depreciador sísmico é de tal forma que, por um lado, ao aumentar o tempo de ciclo natural da estrutura, reduz a vulnerabilidade dos materiais estruturais e dos materiais contra forças como os sismos e, por outro lado, com a consciência do amortecimento do material. É possível reduzir a energia resultante do comportamento sísmico da estrutura ou de possíveis vibrações. Existem muitos tipos de amortecedores, sendo os mais importantes nos edifícios que incluem isoladores sísmicos passivos os amortecedores de fricção, os amortecedores viscoelásticos, os amortecedores viscosos, os amortecedores de massa ajustada, os amortecedores de líquido ajustado e os amortecedores de rendimento.

CAPÍTULO 11

Comparação do desempenho de Contraventamento diagonal de uma parede de corte com amortecedor em Estrutura LSF

Conclusão

Através da realização de comparações analíticas entre os materiais recolhidos sobre o tema do pórtico de contraventamento e da parede de cisalhamento e amortecedores, é possível chegar aos resultados que serão referidos de forma geral a seguir:

O contraventamento diagonal em estruturas de aço leve tem uma boa resistência às cargas laterais (vento e sismo). Por conseguinte, a sua utilização numa estrutura de aço leve, tendo em conta a limitação da altura, pode ter um bom desempenho nas condições actuais. Mas se quisermos que as condições aumentem a altura para mais de 5 pisos (o intervalo definido pelos regulamentos), podemos utilizar a combinação da parede de cisalhamento e do amortecedor propostos, o que aumentará a rigidez de toda a estrutura muitas vezes, como um dos parâmetros importantes no desempenho da estrutura. A dureza de toda a estrutura aumentou e, neste sentido, as condições serão possíveis.

À primeira vista, o grupo de implementação da estrutura pode implementar o reforço diagonal com simplicidade e menos tempo em comparação com a parede de corte e o amortecedor. Mas, na realidade, não é assim. A criação de mais erros de engenharia no sistema de contraventamento diagonal no momento da instalação pelo grupo executivo é um fator que reduz a eficácia do sistema de contraventamento na estrutura de aço leve (LSF). Por conseguinte, parece necessário realizar mais investigação sobre o efeito do sistema de parede de corte e amortecedor, tendo em conta a vantagem neste sector.

O preço dos materiais utilizados no sistema de contraventamento diagonal é muito mais elevado em comparação com a parede de corte e o amortecedor. Considerando que o preço de uma estrutura metálica se baseia no volume de aço utilizado, pode dizer-se que, reduzindo o volume de aço utilizado, removendo o contraventamento diagonal e substituindo a parede de corte de madeira e o amortecedor, o preço final da estrutura será reduzido no fim da construção do edifício, mas sugere-se que se faça mais investigação sobre o tema "Avaliação económica da estrutura metálica ligeira com sistemas de contraventamento diagonal e com parede de corte de madeira e amortecedor" para que este parâmetro possa ser investigado com precisão e os resultados apresentados. Por exemplo, o preço de amortecedores pequenos varia entre 1500 euros e amortecedores muito grandes até 30.000 euros. A parede de cisalhamento de madeira, por exemplo, feita de OSB de grau 3, que pode ser utilizada como parede de cisalhamento, é muito pequena, e a realização de um estudo a este respeito determinará os resultados exactos no índice económico da substituição do sistema de parede de cisalhamento e tipos de amortecedores em vez de diagonais, que no preço da estrutura de aço leve será muito eficaz.

A cinta diagonal tem menor capacidade de absorção de energia e menor plasticidade em comparação com a parede de cisalhamento e o amortecedor, e estas duas fraquezas são causadas pela encurvadura geral ou local do elemento de compressão da cinta e, em certa medida, pela fraqueza das ligações das juntas. Por conseguinte, a colocação de uma parede de cisalhamento de madeira e de um amortecedor ajudará a aumentar os pisos da estrutura para mais de 5 pisos, e a investigação do efeito dos tipos de amortecedores neste processo será um tema de investigação muito adequado nas condições de utilização crescente de estruturas de aço leve.

Normalmente, o amortecedor estrutural tem um peso de cerca de 1 a 5% do peso total da estrutura. Devido à baixa densidade da madeira utilizada, o muro de cisalhamento de madeira tem um peso relativamente pequeno, que comparado com o aço utilizado na travessa diagonal e a sua multiplicidade nas várias aberturas da estrutura, o peso total da estrutura de aço leve com a travessa diagonal é mais do que a estrutura com o muro de cisalhamento. E trata-se de um amortecedor. Por conseguinte, a este respeito e de acordo com os estudos e avaliações de engenharia, o peso da estrutura no sistema de parede de corte de madeira e amortecedor será menor e as forças de corte de base serão menores durante o carregamento lateral (vento e sismo), o que conduzirá a um melhor desempenho da estrutura.

No projeto do reforço diagonal, os efeitos da carga de gravidade nas barras diagonais são geralmente ignorados. Se este problema ocorrer durante o projeto de uma estrutura de aço leve, pode causar um efeito inadequado no desempenho do edifício. Mas o dimensionamento da parede de corte e do amortecedor, se os regulamentos forem seguidos, conterá menos erros de dimensionamento, o que resultará num melhor desempenho da estrutura durante diferentes períodos de carga.

Ao rever os resultados gerais dos estudos efectuados até ao momento, verifica-se que a questão da fragilidade da ductilidade do contraventamento diagonal na estrutura de aço leve é muito evidente, o que pode ser constatado através da avaliação das curvas de histerese do software e das amostras de laboratório deste tipo de contraventamento. De facto, existem laços de histerese muito instáveis e irregulares na estrutura de aço leve com contraventamento diagonal, o que ocorre especialmente sob cargas alternadas e, após vários ciclos de carga, devido à encurvadura dos elementos de compressão, o sistema de contraventamento chega a perder até 50% da sua resistência. Esta é uma das fraquezas óbvias do sistema de estrutura LSF com contraventamento diagonal. Por conseguinte, devido à fraqueza na absorção de energia e ductilidade, a utilização de contraventamento diagonal não é amplamente recomendada em áreas propensas a terramotos, sendo necessária uma alternativa adequada para que o sistema de parede de cisalhamento e amortecedor possa desempenhar bem este papel.

Com as avaliações completas efectuadas, são feitas as seguintes recomendações:

1) Realização de investigação em software sobre o tema da avaliação e comparação do desempenho de estruturas de aço ligeiro com sistema de paredes de cisalhamento de madeira e diferentes amortecedores.

2) Realizar a investigação acima mencionada sobre o índice económico de acordo com diferentes parâmetros de conceção na estrutura de aço leve e diferentes sistemas de amortecimento de energia propostos na estrutura.

3) Separação dos factores que influenciam a possibilidade de aumentar o número de pisos na estrutura de aço leve eficaz do sistema de paredes de cisalhamento de madeira e vários amortecedores de uma forma sugerida e inovadora.

Referências

[1] Tung Vy, S., Mahendran, M., Steau, E., Ariyanayagam, A., 2023, Full-scale tests of load-bearing LSF walls made of built-up CFS channel sections under fire conditions, Thin-Walled Structures, 187 (2023) 110763.

[2] Rodrigues, M. P. E., 2019, Projeto Estrutural de uma Habitação em Light Steel Frame, Código de Projeto Estrutural de uma Habitação em Light Steel Frame, Porto.

[3] Henriques, J., Rosa, N., Gervasio, H., Santos, P., Simoes da Silva, L., 2017, Desempenho estrutural de painéis de light steel framing com recurso a ligações aparafusadas sujeitas a cargas laterais, Thin-Walled Structures, Vol. 121, Pp: 67-88.

[4] Ebrahimi, Hamidreza; Sara Sahrai e Fateme Khanjari, 2018, análise e investigação de estruturas de aço leve (LSF) e o seu comportamento sísmico, Pars Civil Research and Student Journal, Engenharia Civil, Planeamento Urbano e Arquitetura, primeiro ano, número 2, inverno de 2018.

[5] Shekarzadeh, Mohammadreza e Aziminejad, Aria, 2017, investigation of the performance of different models of wind braces in strengthening light steel frames (LSF), Structural Analysis Quarterly, Volume 15, Número 1.

[6] Zare, Mohammad Kazem e Bazafkan, Mohammad Reza, 2019, investigation and comparison of seismic performance of LSF structures with wind brace and shear wall, 3.ª Conferência Internacional de Engenharia Civil, Arquitetura e Planeamento Urbano, Teerão, Irão.

[7] Seyed Sharfi, Seyed Masoud e Hatami, Shahabuddin, 2017, Modelação numérica e desempenho sísmico de paredes de cisalhamento em estruturas de aço leve com uma combinação de cintas de aço e revestimento de painéis de gesso, Métodos Numéricos em Engenharia, Ano 37, Número 2 , inverno de 2017.

[8] Ismaili Nyari, Shirin; Abedi, Karim e Qandi, Elham, 2016, estudo laboratorial do comportamento de paredes de cisalhamento de aço laminado a frio com revestimento de aço sob carga lateral cíclica, Structure and Steel Scientific and Research Journal, Ano 14, Número 21, primavera e verão de 1996.

[9] Mohebbi, S. , Mirghaderi, R. , Farahbod, F. , Bagheri Sabbagh, A. , 2015, Experimental work on single and double-sided steel sheathed cold-formed steel shear walls for seismic actions, Thin-Walled Structures, Vol. 91, June 2015, Pp: 50-62.

[10] Fathi Belal, M., Serror, M. H., Mourad, S. A., Saadawy, M. M., 2020, Numerical Study of Seismic Behavior of Light-Gauge Cold-Formed Steel Stud Walls, Journal of Constructional Steel Research, Vol. 174, novembro de 2020, 106307.

[11] Kechidi, S., luorio, O., 2022, Numerical investigation into the performance of cold-formed steel framed shear walls with openings under in-plane lateral loads, Thin Walled Structures, Vol. 175, June 2022, 109136.

[12] Liu, P., Peterman, K. D., Yu, C., Schafer, B.W., 2016, Characterization of cold-formed steel shear wall behavior under cyclic Loading for the CFS-NEES building, 21st International Specialty Conference on Cold-Formed Steel Structures, Publisher: Universidade de Ciência e Tecnologia do Missouri.

[13] Langea, J., Naujoks, B., 2006, Behaviour of cold-formed steel shear walls under

horizontal and vertical loads, Thin-Walled Structures, Vol. 44, Pp: 1214-1222.

[14] Akhgar, Omid and Hatami, Shahabuddin and Alipour, Ali, 2014, Numerical analysis of the increased load of wooden shear walls in light steel structure with regard to the nonlinear behavior of cover connection bolts, 10th International Congress of Civil Engineering, Tabriz, Iran.

[15] Cui, Y., Chen, F., Li, Z., Qian, X., 2020, Parede de cisalhamento híbrida aço-madeira autocentrante: Teste experimental e análise paramétrica, Materials 2020, 13, 2518.

[16] Nabid, N., Hajirasouliha, L, Petkovski, M., 2017, um método prático para a conceção sísmica óptima de amortecedores de parede de fricção Earthquake Spectra, Vol. 33,

No. 3, Pp: 1033-1052.

[17] Thambiratnam, D., Perera, N. J., 2006, Mitigating Seismic Response of Shear Wall Structures Using Embedded Dampers, the Structural Engineer 84(1).

[18] Ali Mohammadi, Hossein e Lotf Elahi Seqin, Mohammad Ali, 2013, investigation of seismic characteristics of cold-rolled light steel panels with LSF cold-rolled light steel shear wall coating, a primeira conferência internacional e a quarta conferência nacional sobre construção urbana, Sanandaj, Irão.

[19] Hatami, Shahabuddin e Rahmani, Amir, 2011, determination of resistance and lateral displacement of shear wall panels in cold rolled steel structures, Journal of Numerical Methods in Engineering, ano 30, número 2.

[20] Di, J., Zuo, H., 2021, Experimental and Numerical Investigation of LightWood-Framed Shear Walls Strengthened with Parallel Strand Bamboo Panels, Coatings 2021, 11, 1447.

[21] Peng, C., El Damatty, A. A., Musa, A., Hamada, A., 2020, Abordagem numérica simplificada para a análise de cargas laterais de estruturas de madeira de estrutura ligeira com paredes de corte, Engineering Structures 219 (2020) 110921.

[22] Conrad, K., Phillips, A. R., 2019, Testes à escala real e desenvolvimento de paredes de cisalhamento compostas de madeira-aço, Estruturas, Volume 20, agosto de 2019, Páginas 268-278.

[23] Código de Projeto e Execução de Estruturas de Aço Laminadas a Frio (Secção Estrutural) - Publicação 612, 2012, Teerão: Centro de Investigação de Estradas, Habitação e Desenvolvimento Urbano.

[24] Papargyriou, L, Hajirasouliha, L, 2021, more efficient design of CFS strap- braced frames under vertical and seismic loading, Journal of Constructional Steel Research, 185 (2021) 106886

[25] Lightweight Steel Framing Details, General & Axial Loadbearing, 2019, www.bmp-group.com.

[26] Barkian, Majid e Maqsoodpour, Samad, 2018, Investigação de contraventamento de cabos em edifícios e a gama de força de pré-esforço dos cabos, Specialized Scientific Quarterly of Structural Engineering.

[27] Naghavi, M., 2019, Retrofitting Steel Moment Frames Using Cable Bracing,

Journal of Building Material Science, Volume 01, Edição 01, abril de 2019.
[28] Mir Qadri, Seyyed Rasool; Karimian, Massoud; Khorasani, Mohammad; Fallah, Mohammad Hassan; Ghasemzadeh, Masoud e Qanbari, Javed, 2013, Guidelines for the Design and Implementation of Light Steel Building System (LSF), Shiraz: Imprensa da Universidade de Shiraz.
[29] Conjunto de regulamentos e instruções executivas do Centro de Desenvolvimento Tecnológico de Edifícios de Aço Ligeiro, 2019, Teerão, Irão.
[30] Imanikele-Sar, Hoshiar e Kharkedi, Reza, 2015, Miragar Dar Sazeh (Fundamentals, Design and Application), Teerão: Sokhnoran Publications.

Printed by Books on Demand GmbH, Norderstedt / Germany